Artur Braun

Korrelation von Struktur,
Magnetismus und Morphologie
ultradünner Ni-Filme auf Cu_3Au (100)

Artur Braun

Korrelation von Struktur, Magnetismus und Morphologie ultradünner Ni-Filme auf Cu_3Au (100)

Diplomarbeit in Physik

vorgelegt der

Mathematisch Naturwissenschaftlichen Fakultät

der Rheinisch-Westfälischen Technischen Hochschule Aachen

im Februar 1996

angefertigt im

Institut für Grenzflächenforschung und Vakuumphysik im Forschungszentrum Jülich

Autor
Artur Braun

Copyright © 2018 Dr. Artur Braun
Titelbild: Artur Braun
Alle Rechte vorbehalten.

ISBN-13: 978-1795326025

Dipl.-Phys. Dr. Hermann-Josef Diepers († 2006) in nachträglicher Widmung

Parts of this diploma thesis are published in following papers:

A Braun. *Quantitative model for anisotropy and reorientation thickness of the magnetic moment in thin epitaxially strained metal films*. Physica B **373** (2006) 346-354.
http://arxiv.org/abs/1106.1917
http://www.sciencedirect.com/science/article/pii/S0921452605016522

A Braun. *Conversion of thickness data of thin films with variable lattice parameter from Monolayers to Ångstroms - an application of the epitaxial Bain path*. Surface Reviews & Letters (2003): **10** (6) 889-895.
http://www.worldscientific.com/doi/abs/10.1142/S0218625X03005761

A Braun, K.M. Briggs, P. Böni. *Analytical solution to Matthews' and Blakeslee's critical dislocation formation thickness of epitaxially grown thin films*.
Journal of Crystal Growth **241** (1/2) 231-234 (2002).
http://www.sciencedirect.com/science/article/pii/S0022024802009417

A Braun, B. Feldmann, M. Wuttig. Strain-induced perpendicular magnetic anisotropy in ultrathin Ni films on $Cu_3Au(001)$. Journal of Magnetism and Magnetic Materials **171** 1/2, 16-28 (1997).
http://www.sciencedirect.com/science/article/pii/S0304885397000103

Inhaltsverzeichnis

1 EINLEITUNG 9

2 STRUKTUR ULTRADÜNNER FILME 11

3 DIE MAGNETISCHE ANISOTROPIE 17
    3.1.1   Die magnetokristalline Anisotropie 18
    3.1.2   Die Formanisotropie 20
    3.1.3   Die magnetoelastische Anisotropie 20
    3.1.4   Zusammenfassung der Beiträge 23
    3.1.5   Vergleich der Anisotropiekonstanten 24

4 EXPERIMENTELLER AUFBAU 29

  4.1   Die Apparatur 29

  4.2   Besonderheiten des Cu_3Au-Substrats 32

  4.3   Die Probenpräparation 35

  4.4   Keilförmige Proben 36

  4.5   Bestimmung der Schichtdicke 37

5 DAS SYSTEM NI/CU$_3$AU(100) 40

  5.1   Magnetismus 40

  5.2   Struktur 50

  5.3   Wachstum und Morphologie 60

  5.4   Korrelation 67

6 ZUSAMMENFASSUNG 72

1 Einleitung

Die Entwicklung der menschlichen Zivilisation ist eng verknüpft mit der Verfügbarkeit von Werkstoffen. Wohlergehen oder Niedergang von Kulturen hängt davon ab. Vor allem die Metalle nehmen unter den Werkstoffen eine so ausgezeichnete Rolle ein, daß ganze geologische Zeitalter nach ihnen benannt sind. Vom historischen Standpunkt besehen ist die Metallkunde als die Mutter der heute modernen Werkstoffwissenschaften zu bezeichnen, deren Ziel u.a. darin besteht, das Verhalten von Metallen, Keramiken und Kunststoffen durch einunddieselbe elektronische Theorie qualitativ und quantitativ zu beschreiben. Die mathematische Formulierung der Werkstoffeigenschaften in Zustandsgleichungen aufgrund atomistisch physikalischer Modelle soll eine theoretische Prognose des Werkstoffverhaltens ermöglichen, aufwendige Experimentierphasen verkürzen oder im Idealfall sogar überflüssig machen [Gottstein 1994]. Wesentlich älter aber ist das Ziel, den eigentlichen Werkstoff aus nicht gediegenen Rohstoffen, zum Beispiel durch Reduktion von metallischen Oxiden, zu gewinnen oder aber den Werkstoff aus bestimmten Elementen zu komponieren, wie beispielsweise die Keramiken. Wahrend die Gewinnung von chemisch elementaren Werkstoffen aus Rohstoffen technologisch beherrscht wird, stellt die Komposition von Elementen mit Blick auf neuartige Werkstoffe noch immer ein weites Gebiet aktueller Forschung dar. Bei den Werkstoffen der Elektrotechnik zum Beispiel wird eine zunehmende Miniaturisierung der Bauelemente verzeichnet. Das Aufbringen dünner Schichten ist dabei ein wesentlicher Prozeßschritt. Dünne Filme verfügen mitunter jedoch auch über völlig neue physikalische Eigenschaften. Dies ist darauf zurückzuführen, daß mit abnehmender Schichtdicke der Einfluß der Oberfläche zunimmt. Bei magnetischen Filmen kann die magnetische Anisotropie von der Schichtdicke abhängen. Unter bestimmten Voraussetzungen gelingt es, die Magnetisierung senkrecht zur Filmebene einzustellen. Eine senkrechte Magnetisierung ist zum Beispiel bei der magnetooptischen Datenspeicherung erwünscht. In dieser Arbeit soll der Einfluß elastischer Verspannungen in magnetischen Filmen auf deren Magnetisierungsrichtung untersucht werden. Bei dem untersuchten System handelt es sich um das ferromagnetische Nickel. Es wird auf ein einkristallines $Cu_3Au(100)$-Substrat aufgedampft und auf seine kristallographische Struktur, die Morphologie und den Magnetismus untersucht. Diese Arbeit besteht aus 6 Kapiteln. Nach dieser Einleitung wird die Struktur ultradünner Filme aus Sicht der Elastizitätstheorie erläutert. Danach folgt eine Beschreibung der magnetischen Anisotropie sowie ihr Zusammenhang mit elastischen Verspannungen (magnetoelastische Anisotropie). In Kapitel 4 wird die Vakuumapparatur und die Präparation der Filme beschrieben. Die Meßergebnisse werden in Kapitel 5 vorgestellt und in Kapitel 6 zusammengefaßt. In dieser Arbeit wird ein geschlossener mathematischer Ausdruck für die kritische Schichtdicke hergeleitet. Der Rechengang ist im Anhang beschrieben.

2 Struktur ultradünner Filme

Das Wachstum und die Struktur ultradünner Filme werden zu einem wesentlichen Teil bestimmt durch die Konkurrenz der Bindungen von Adsorbatatomen zu Substratatomen und von Adsorbatatomen untereinander. Wenn der Film in der Ebene die Gitterstruktur des Substrats übernimmt, dann spricht man von pseudomorphem Wachstum. Unterscheiden sich die Gitterkonstanten von Substrat- und Adsorbatmaterial, dann ist das pseudomorphe Wachstum mit dem Auftreten elastischer Spannungen im Film verbunden. Wenn die Substratgitterkonstante a größer als die Gitterkonstante a_0 des Adsorbatmaterials ist, dann ist der Film in der Ebene biaxial gedehnt und senkrecht dazu gestaucht. Dies entspricht der aus der Elastizitätstheorie bekannten Querkontraktion. Im umgekehrten Fall wird die parallel zur Oberfläche liegende Einheitszelle biaxial gestaucht und der Abstand der Ebenen senkrecht zur Filmoberfläche wird expandiert. Besonders einfach ist der Fall des pseudomorphen Wachstums auf quadratischen Oberflächengittern. Dann reicht die Angabe eines Parameters aus, um den Unterschied der Oberflächengitter zu spezifizieren. Die Gitterfehlpassung ist definiert als

$$f = \frac{a - a_0}{a_0} \tag{2.1}$$

In der Regel findet man bei Werten für f von mehr als 10% kein pseudomorphes Wachstum mehr. Der Spannungs- und Formänderungszustand eines epitaktisch gewachsenen Films, ausgedrückt durch den Spannungstensor σ mit Elementen σ_{ij} und den Dehnungstensor ε mit Elementen ε_{ij}, sind über den Tensor C der elastischen Konstanten miteinander verknüpft:

$$\sigma_{ij} = \sum_{k,l=1}^{3} C_{ijkl} \varepsilon_{kl} \tag{2.2}$$

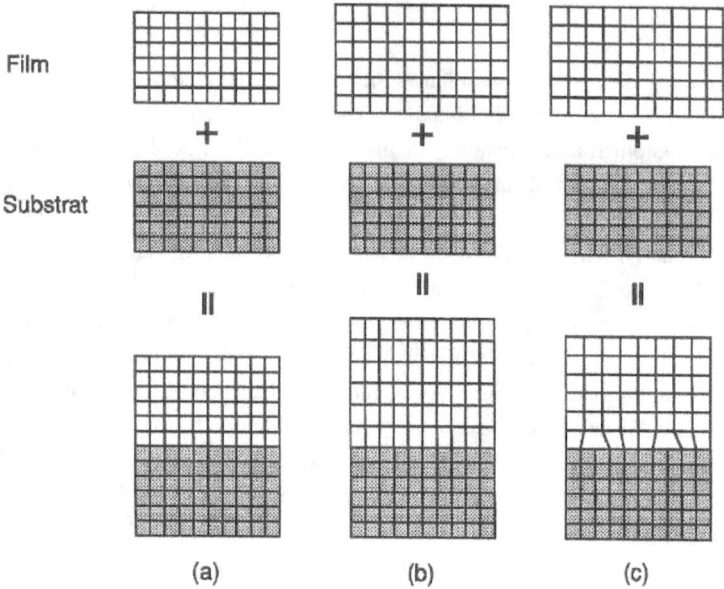

Abbildung 2.1: **Epitaktisches Wachstum**. (a) homoepitaktisches Wachstum, (b) heteroepitaktisches, pseudomorphes Wachstum, (c) heteroepitaktisches, inkommensurables Wachstum.

Bei Dehnungen erfährt ein Körper in der Regel eine Volumenänderung, die durch die Spur des Dehnungstensors gegeben ist:

$$Sp\ \varepsilon_{ij} = \frac{\partial V}{V} \qquad (2.3)$$

Im folgenden sollen die Volumenänderung und die Änderung der totalen Energie eines verspannten Films betrachtet werden. Ausgegangen werde von einer kubisch raumzentrierten Struktur. Die elastischen Konstanten werden (in der linearen Elastizitätstheorie) als konstant und die Dehnungen als klein angenommen. Der Kubus habe das atomare Volumen V_0 und die Gleichgewichtsstruktur (c_0, a_0).

Nach [18],[19, 11] erhält man für die Spannungsenergie δE die Beziehung

$$\frac{\delta E}{V_0} = \frac{B}{2}\left(\frac{\delta V}{V_0}\right)^2 + \frac{2G}{3}\left(\frac{a_0}{c_0}\delta\left(\frac{c}{a}\right)\right)^2 \qquad (2.4)$$

mit den elastischen Gleichungen $B = (c_{11} + 2c_{12})$ und $G = (c_{11} - c_{12})/2$ und elastische Konstanten c_{11} und c_{12}. Bei pseudomorphem Wachstum ist a durch die Substratgitterkonstante vorgegeben, und das atomare Volumen der krt-Zelle hat den Wert $V = ca^2/2$. Bei einem verspannten Film sollte der Wert c zu einem Minimum der Verspannungsenergie führen. Ableiten von (2.4) nach c liefert den Ausdruck

$$\frac{\delta c}{\delta a} = -2\frac{c_{12} c_0}{c_{11} a_0} \qquad (2.5)$$

Durch logarithmische Integration gelangt man zu der Beziehung

$$\frac{c}{c_0} = \left(\frac{a_0}{a}\right)^{2\frac{c_{12}}{c_{11}}} \qquad (2.6)$$

Sie beschreibt die sogenannte *epitaktische* Linie und soll die Vorhersage des Interlagenabstandes beim pseudomorphen Wachstum erlauben. Für die kubisch raumzentrierte Ausgangsstruktur gilt $c_0/a_0 = 1$, und für die kubisch flächenzentrierte Ausgangsstruktur gilt $c_0/a_0 = \sqrt{2}$. In der Abbildung 2.2 sind

		Elastische Konstanten			
Element	Struktur	T(K)	c_{11} (GPa)	c_{12} (GPa)	a (Å)
Fe	krz	520	230	135	2,87
	kfz	1428	154	122	3,65
Co	kfz	300	242	160	3,54
	krz	-	-	-	2,82
Ni	kfz	300	247	153	3.524
	krz	300	-	-	2,78

Tabelle 2.1: **Strukturdaten von Fe, Co und Ni**. Die Werte sind den Ref. [72] und [73] entnommen.

die epitaktischen Linien für die kubisch raum- und flächenzentrierten Phasen von den Fe, Co und Ni gezeigt. Sie sind so zu verstehen, daß man als Ordinate $\underline{a}$ den Nächste-Nachbarn-Abstand des Substrats wählt. gezeigt. Das entsprechende c/a-Verhältnis kann entlang der epitaktischen Linie abgelesen werden.

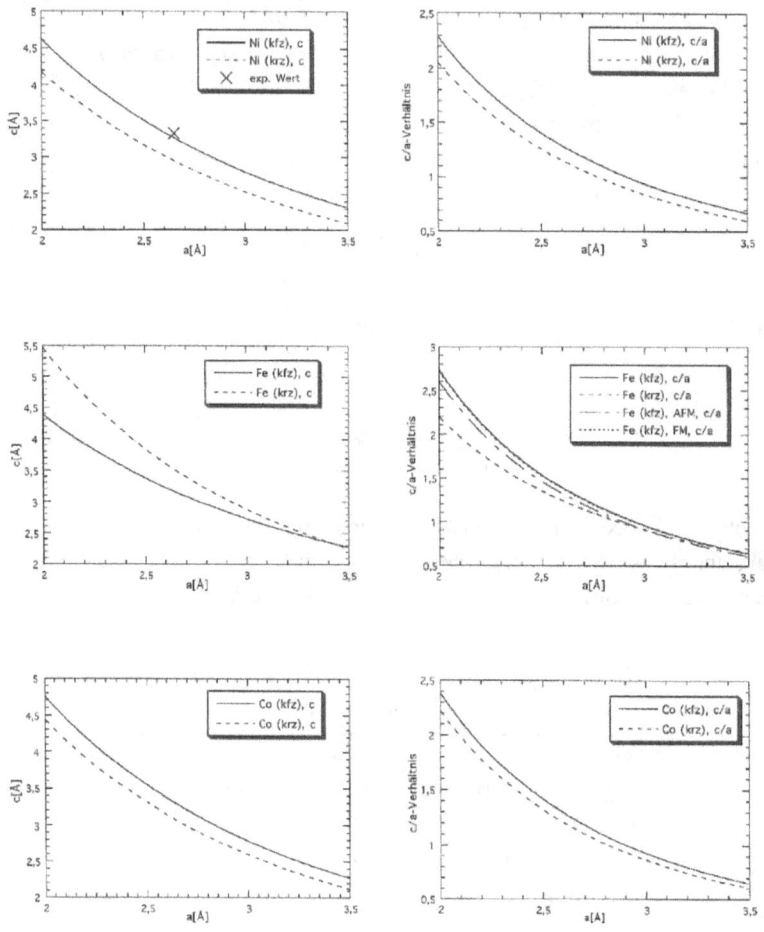

Abbildung 2.2: **Epitaktische Linien.**

Multiplikation dieses Wertes mit a ergibt den senkrechten Gitterabstand c des verspannten Films. Die Messung von c ermöglicht die Bestimmung der Gleichgewichtsstruktur eines verspannten Films. Zur Übersicht ist auch der senkrechte Gitterabstand c über a aufgetragen. Die epitaktische Linie stellt keine lineare Beziehung zwischen senkrechtem und lateralem Gitterabstand her, sonst wäre sie nicht gekrümmt. Dies bedeutet, daß das Volumen der verspannt aufwachsenden Phase keine Erhaltungsgröße ist. Das atomare Volumen V und das c/a-Verhältnis sind im mathematischen Sinne eine orthogonale Basis für die Beschreibung kleiner tetragonaler Verspannungen kubischer Strukturen. Der hierdurch gebildete Vektorraum wird als tetragonale Ebene bezeichnet. Die tetragonale Ebene ist für eine Reihe von 3d-Metallen unter Ref. [63] graphisch angegeben. Die Änderung des atomaren Volumens mit der Verspannung des Filmes ist vor allem für die magnetischen Eigenschaften ultradünner

Filme von Bedeutung, denn bei Magneten steht das magnetische Moment mit dem atomaren Volumen in enger Beziehung [74]. Abschließend sei noch bemerkt, daß Filme nicht unbegrenzt pseudomorph aufwachsen. Verspannte Filme bergen eine hohe elastische Energie. Der stabilisierende Einfluß des Substrats auf den verspannten Film nimmt ab, je dicker der Film wird. Ab einer bestimmten Schichtdicke entstehen daher im Film Versetzungen. Dadurch wird ein großer Teil der elastischen Spannungen abgebaut. Der Abbau der Spannungen geschieht durch die Bildung von Versetzungen [13],[14].

3 Die magnetische Anisotropie

Die kristallinen Körper verfügen mit ihrer Symmetrie über eine Reihe von Eigenschaften, die von ihren kristallographischen Richtungen abhängen. Dieses Phänomen wird als Anisotropie bezeichnet. Bei den Magneten ist die Richtung des Magnetisierungsvektors **M** eine solche anisotrope Größe, d.h. die magnetische Energie hängt von der Richtung eines angelegten magnetischen Feldes **H** ab. Daher bildet die Magnetisierung **M** mit dem Magnetfeld **H** im allgemeinen einen von Null verschiedenen Winkel. Die kristallographische Richtung, in die sich das magnetische Moment des Kristalls bei Abwesenheit äußerer Magnetfelder orientiert, wird als *leichte Achse* bezeichnet. Dort hat die Anisotropieenergie ein Minimum. Richtungen, in denen die Anisotropieenergie maximal ist, werden als *harte Achsen* bezeichnet. Bei Fe ist die [100]-Richtung die leichte Achse. Bei Co und Ni sind die hexagonale Achse bzw. die [111]-Richtung die leichten Achsen. Die magnetische Anisotropie hat ihren physikalischen Ursprung hauptsächlich in der mittelbaren Wechselwirkung der den Magnetismus tragenden elektronischen Spins mit dem elektrostatischen Feld des Kristalls. Vermittler dieser Wechselwirkung ist die Spin-Bahn-Kopplung. Die Spins sehen über ihren Bahndrehimpuls das kristalline Feld des Festkörpers und passen sich diesem an [1]. Man spricht daher von der magnetokristallinen Anisotropie.

	hex		krz			hex		kfz
3d	Sc	Ti	V	Cr	Mn	Fe	Co	Ni
	hex	hex	krz	krz	kub	krz	hex	kfz
4d	Y	Zr	Nb	Mo	Tc	Ru	Rh	Pd
	hex	hex	krz	krz	hex	hex	kfz	kfz
5d	La	Hf	Ta	W	Re	Os	Ir	Pt
	hex	hex	krz	krz	hex	hex	kfz	kfz
n_{s+d}	3	4	5	6	7	8	9	10

Tabelle 3.1: **Strukturelle Phasen der d-Übergangsmetalle**. In der obersten Zeile ist die Vorhersage von Pettifor [44] für die Struktur der d-Elemente angegeben. Darunter sind die Elemente mit ihrer Struktur unter Normalbedingungen (hex: hexagonal dichtest gepackte Struktur, kfz: kubisch flächenzentriert, krz: kubisch raumzentriert, kub: Struktur des α-Mn mit 58 Atomen pro Einheitszelle) in Abhängigkeit der Summe aus s- und d-Elektronen (n_{s+d}) angegeben.

Die damit verbundene Wechselwirkungsenergie - die magnetische Anisotropieenergie - ist eine relativistische Größe und trägt mit einem Wert von der Größenordnung 10^{-4} eV / Atom zur freien Energiedichte des Ferromagneten bei. Sie ist um den Faktor 1000 kleiner als die quantenmechanische Austauschwechselwirkung, welche die magnetische

---

[1] Von Bedeutung sind hier die 3d- und die 4f-Orbitale

Ordnung bewirkt. Die allgemeine Form dieses Anisotropieterms erhält man durch Symmetriebetrachtungen. Die Anisotropieenergie ist insbesondere abhängig vom jeweiligen Kristallsystem. Die räumliche Geometrie der Kristalle wiederum hat ihre Ursache in der elektronischen Struktur der sie bildenden Atome. Insbesondere die Elektronen aus d-Orbitalen, in geringerem Maße auch die f-Elektronen, bestimmen die Geometrie der Kristalle, da sie einen stark gerichteten Bindungscharakter haben. Bei vollbesetzten Unterschalen ist die Ladungsverteilung isotrop. Der Überlapp der Orbitale ist gering, und man erhält eine kubisch flächenzentrierte Struktur. Bei halbbesetzten Unterschalen ist der Effekt der gerichteten Bindung am größten, und man erhalt eine kubisch raumzentrierte Struktur. Hexagonale Strukturen mit ihrer ebenfalls dichten Packung stellen einen Zwischenzustand dar. Diese Überlegungen gehen auf Pettifor zurück [44]. Der Zusammenhang zwischen Orbitalbesetzung und Kristallstruktur ist in Tabelle 3.1 dargestellt.

Die Dipolwechselwirkung der magnetischen Momente untereinander führt ebenfalls zu einer Anisotropie, die von der geometrischen Form des Magneten abhängt [2]. Bei der Bestimmung der magnetischen Anisotropieenergie ist immer die Symmetrie der gerade betrachteten Atome zu berücksichtigen. An Inhomogenitäten wie z.B. Grenzflächen und Stufenkanten ist die lokale Symmetrie im allgemeinen geringer als im Inneren des Kristalls, und dies beeinflußt die elektronische Struktur der Grenzfläche [39]. Ein Bahndrehimpuls, der im Kristallinneren aufgrund der Symmetrie verschwindet, kann an der Grenzfläche aufleben. Ein Atom an der Grenzfläche kann daher eine Quantisierungsachse in Richtung der Grenzflächennormalen haben, und über die Spin-Bahn-Kopplung kann so eine senkrechte magnetische Anisotropie hervorgerufen werden [65]. Daher ist eine Aufteilung der Anisotropieenergie in Volumen- und Grenzflächenbeiträge erforderlich. Auch elastische Verzerrungen des Kristallgitters können über die Spin-Bahn-Kopplung auf die Orientierung des magnetischen Momentes rückwirken. Einfluß auf die magnetische Anisotropie hat auch eine evt. Hybridisierung der d-Orbitale verschiedener chemischer Spezies. Grundsätzlich bestehen daher Möglichkeiten zur Manipulation der magnetischen Anisotropie, indem man z.B. Filme mit einer hohen Stufendichte herstellt [40],[32], die Hybridisierung von Orbitalen grenzflächennaher Atome bei Vielfachschichten ausnutzt [41],[42],[43], ultradünne magnetische Filme herstellt oder das Kristallgitter von Magneten elastisch verzerrt [48].

Im folgenden sollen die einzelnen Beiträge zur magnetischen Anisotropieenergie quantitativ vorgestellt werden. Insbesondere wird die Konkurrenz dieser Beiträge diskutiert. Die gesamte Anisotropieenergie setzt sich zusammen aus der magnetokristallinen Anisotropieenergie, der Formanisotropieenergie und der magnetoelastischen Anisotropieenergie. Hierunter sind Volumen- und Grenzflächenbeitrage zu unterscheiden.

---

2 Diese magnetostatische Wechselwirkung liefert auch einen Beitrag zur Anisotropie, der nicht von der Form abhängt. Er ist jedoch sehr klein.

3.1.1 Die magnetokristalline Anisotropie

Der magnetokristalline Anteil $G_{krist.}^V(\Omega_M)$ wird als Entwicklung nach den Richtungskosinus α_1, α_2 und α_3 von Ω_M geschrieben:

$$G_{krist.}^V(\Omega_M) = b_0(H_M) + \sum_{i,j} b_{i,j}(H_M)\alpha_i\alpha_j + \sum_{i,j,k,l} b_{i,j,k,l}(H_M)\alpha_i\alpha_j\alpha_k\alpha_l + \ldots \quad (3.1)$$

Für Kristalle mit kubischer Symmetrie vereinfacht sich der Ausdruck für $G_{krist.}^V(\Omega_M)$ zu

$$G_{krist.}^V(\Omega_M) = K_0 + K_1(\alpha_1^2\alpha_2^2 + \alpha_2^2\alpha_3^2 + \alpha_3^2\alpha_1^2) + K_2\alpha_1^2\alpha_2^2\alpha_3^2 + K_3(\alpha_1^2\alpha_2^2 + \alpha_2^2\alpha_3^2 + \alpha_3^2\alpha_1^2)^2 +$$
(3.2)

wobei das Koordinatensystem entlang der Kristallachsen verläuft, und es gilt: $\alpha_1 = \sin\theta\cos\varphi$, $\alpha_2 = \sin\theta\sin\varphi$ und $\alpha_3 = \cos\theta$. Der Magnetisierungsvektor **M** schließt mit der Normalen der (100)-Ebene den Winkel θ und mit der [010]-Richtung den Winkel Φ ein. Die rasche Konvergenz von (3.2) erlaubt einen Abbruch der Reihe nach der 3. Ordnung. Die Anisotropiekonstanten K_0, K_1 usw. sind temperaturabhängige Materialgrößen. Ausdruck (3.2)

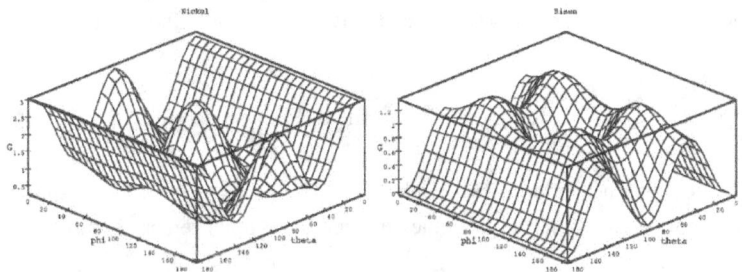

Abbildung 3.1: **Magnetokristalline Anisotropieenergie von krz-Eisen und kfz-Nickel**. Dargestellt sind die magnetischen Anisotropieenergien von krz-Fe und kfz-Ni in Abhängigkeit vom Polarwinkel θ und Azimut Φ der Magnetisierung. Die Magnetisierung schließt mit der Flächennormalen den Winkel θ und mit der [100]-Richtung den Winkel Φ ein. Zur Veranschaulichung der Symmetrie verlaufen die Grenzen 0° bis 180°. Eisen hat ein totales Minimum der magnetokristallinen Anisotropieenergie bei jeweils 90° für θ und Φ. Der Magnetisierungsvektor liegt mit der [110]-Richtung in der (100)-Ebene. Für Nickel liegt das absolute Energieminimum bei Φ = 45° und θ = 55°. Würde man die Reihenentwicklung nicht abbrechen, erhielte man die bekannte [111]-Richtung als leichte Achse.

beschreibt die magnetokristalline Anisotropieenergie eines einzelnen Atoms einer Monolage im Volumen. Dieser Beitrag wächst proportional mit der Schichtdicke d. Zur

Veranschaulichung ist die magnetokristalline Anisotropieenergie von Ni und Fe in Abhängigkeit von Polarwinkel θ und Azimut Φ geplottet. Atome in Oberflächen und Grenzflächen werden nicht mehr durch Gleichung (3.1) beschrieben. Wegen ihrer reduzierten Symmetrie treten nun Terme 2. Ordnung hinzu. Für eine Fläche mit tetragonaler Symmetrie (z.B. die kubische (100)-Ebene) erhält man für die Grenzflächenanisotropie eines Atoms

$$G^S_{krist}(\Omega_M) = K^S_1 \sin^2\theta + \left(K^S_2 + K'^S_2 \cos(4\Phi)\right)\sin^4\theta + \dots \quad (3.3)$$

In der Praxis wird nur der erste Term der Entwicklung verwandt. Für eine Reihe von Systemen ist die Grenzflächenanisotropie-Konstante experimentell bestimmt worden. Siehe hierzu Tabelle 3.3

3.1.2 Die Formanisotropie

Die Formanisotropie

$$G_{Fomr}(\Omega_M) = -\frac{1}{2}\int_V dV\, M(r) \cdot H_d(r) \quad (3.4)$$

mit dem Demagnetisierungsfeld $H_d(r)$ und der Magnetisierung $M(r)$ hängt von der Geometrie des Körpers ab. Fur eine Platte unendlicher Ausdehnung findet man

$$G^V_{Form} = K^V_{Form} \sin^2\theta \quad (3.5)$$

ultradünne Filme werden hierdurch gut beschrieben. Der durch Formel (3.5) ermittelte Wert ist die Formanisotropieenergie eines einzelnen Atoms einer Monolage im Volumen.

Den Grenzflächenbeitrag zur Formanisotropie findet man durch Betrachtung infinitesimal dünner Scheiben [49]. Im Ergebnis hat man auch hier die Form

$$G^S_{Form} = K^S_{Form} \sin^2\theta \quad (3.6)$$

3.1.3 Die magnetoelastische Anisotropie

Die magnetoelastische Anisotropieenergie $G_{magn.el}(\Omega_M, \varepsilon)$ Gmagn.et(DM, c) von heteroepitak- tisch aufgewachsenen ultradünnen Filmen läßt sich bei kleinen

Gitterfehlpassungen nach Kugelfunktionen und nach Potenzen der Verformung entwickeln. Man erhält

$$G_{magn.el}(\Omega_M,\varepsilon) = \sum_{i,j,k,l} B_{ijkl}\varepsilon_{ij}\alpha_i\alpha_j + ... \quad (3.7)$$

Die kristalline Symmetrie äußert sich in einer Kopplung der Entwicklungskoeffizienten. So lautet der Standardausdruck für ein kubisches System

$$G_{magn.el}(\Omega_M,\varepsilon) = B_1\left(\varepsilon_{11}\alpha_1^2 + \varepsilon_{22}\alpha_2^2 + \varepsilon_{33}\alpha_3^2\right) + 2B_2\left(\varepsilon_{12}\alpha_1\alpha_2 + \varepsilon_{23}\alpha_2\right) \quad (3.8)$$

Die ε_{ii} beschreiben die Dehnungen und die ε_{ij} die Scherungen. Man betrachte zum Beispiel eine tetragonale Phase. Die Einheitszelle sei in der Ebene gedehnt und in der Höhe gestaucht. Der Nächste-Nachbar-Abstand

	Fe (krz)	Co (hex)	Ni (kfz)
Magnetokristalline Anisotropiekonstanten			
K_1(eV/Atom)	4,02 X 10^{-6}	5,33 X 10^{-5}	-8,63 X 10^{-6}
K_2(eV/Atom)	1,44 X 10^{-8}	7'31 X 10^{-6}	3,95 X 10^{-6}
K_3(eV/Atom)	6,60 X 10^{-9}	-	2,38 X 10^{-7}
$K_{3'}$(eV/Atom)	-	8,40 X 10^{-7}	6,90 X 10^{-7}
Formanisotropie-Konstanten			
K^V_{Form}(eV/Atom)	-8,86 X 10^{-4}	-5,85 X 10^{-4}	-0,74 X 10^{-4}
Magnetoelastische Konstanten			
B_1(eV/Atom)	-2,53 X 10^{-4}	-5,63 X 10^{-4}	6,05 X 10^{-4}
B_2(eV/Atom)	5,56 X 10^{-4}	-2,02 X 10^{-3}	6,97 X 10^{-4}
B_3(eV/Atom)	-	-1,96 X 10^{-3}	-
B_4(eV/Atom)	-	-2,05 X 10^{-3}	-

Tabelle 3.2: **Anisotropie-Konstanten (Volumenbeiträge)**. Angegeben sind die Anisotropiekonstanten für Eisen, Kobalt und Nickel, die als Volumenbeiträge in die Anisotropieenergie eingehen. Die Werte zum magnetokristallinen Beitrag gelten für T = 4.2 K. Die Werte für Ni und Fe sind Ref. [45], die Werte zu Co sind Ref. [46],[47] entnommen. Die Werte für die Formanisotropie sind Ref. [49] entnommen. Die magnetoelastischen Konstanten stammen ebenfalls aus Ref. [49] und gelten bei Raumtemperatur.

(NN-Abstand) der Atome im unverspannten kubischen Gitter ist a_0; a ist der NN-Abstand der Atome in der tetragonalen Ebene im verspannten Gitter, bei pseudomorphem Wachstum also der NN-Abstand der Substratatome. Für die Stauchung steht der senkrechte Gitterparameter c. Der Dehnung entspricht die Gitterfehlpassung f:

$$\varepsilon_{11} = \varepsilon_{22} = f = \frac{a - a_0}{a_0} \qquad (3.9)$$

Für die Stauchung erhält man

$$\varepsilon_{33} = \frac{c - a_0\sqrt{2}}{a_0\sqrt{2}} = \frac{c}{a_0\sqrt{2}} - 1 \qquad (3.10)$$

Entlang der epitaktischen Linie

$$\frac{c}{c_0} = \left(\frac{a_0}{a}\right)^\gamma, \quad c_0 = a_0\sqrt{2} \qquad (3.11)$$

variiert c mit a, sodaß man schreiben kann:

$$\varepsilon_{33} = \left(\frac{a_0}{a}\right)^\gamma - 1 \;,\; \gamma = 2\frac{c_{12}}{c_{11}} \qquad (3.12)$$

Es sei angemerkt, daß auch evt. auftretende Verscherungen des Gitters Beiträge zur magnetoelastischen Anisotropie liefern können. Um ein möglichst einfaches Modell zu beschreiben, sollen sie hier jedoch nicht berücksichtigt werden.
Einsetzen der bisher ermittelten Terme ergibt für die magnetoelastische Anisotropieenergie eins Atoms einer Monolage im Film den Ausdruck

$$G_{magn.el} = B_1\left\{\left(\frac{a}{a_0} - 1\right)\sin^2\Theta + \left(\left(\frac{a_0}{a}\right)^\gamma - 1\right)\cos^2\Theta\right\} \qquad (3.13)$$

	Grenzflächenanisotropie-Konstanten	
System	$K_S [mJ/m^2]$	Ref.
Fe(001)/UHV	0,96	[51]
Fe(001)/ Au	0,47; 0,40; 0,54	[51]
Fe(001)/Cu	0,62	[51]
Co/Au(111)	0,42	[52]
Co/Cu(111)	0,53	[53]; [48]
Co/Ni(111)	0,31; 0,20; 0,22	[54]; [55]; [56]
Ni(111)/UHV	-0,48	[57]
Ni/Au(111)	-0,15	[58]
Ni(111)/Cu	-0,22; -0,3; -0,12	[58]; [59]; [60]
Ni/Cu(100)	-0,23	[60]
	Grenzflächen-Formanisotropie-Konstanten	

System	K^S_{Form} [erg/cm²]	Ref.
	Grenzflächenanisotropie-Konstanten	
Fe(001)/UHV	-0,27	[61]
Fe/Ag(001)	-0,12	[61]
Ni(001)/UHV	-0,017	[62]
Ni/Cu(001)	0,025	[62]

Tabelle 3.3: **Anisotropie-Konstanten (Grenzflächenbeiträge).** Die Grenzflächenanisotropie-Konstanten hängen vom jeweils vorliegenden System ab. Eine Umrechnung der Dimension ergibt in etwa die Größenordnung 10^{-4} eV/Atom. Bei genügend dicken Filmen können diese Beiträge kompensiert werden.

3.1.4 Zusammenfassung der Beiträge

Die bisher behandelten Terme lieferten Volumen- und Grenzflächenbeiträge zur Anisotropieenergie. Für einen Anzahl d Monolagen dicken Film ist die Anisotropieenergie pro Fläche damit

$$G = d \cdot \left(G^V_{krist} + G^V_{Form} + G^V_{magn.el} \right) + G^S_{krist} + G^S_{Form} \quad (3.14)$$

Die Anisotropieenergie ist explizit abhängig von den Gitterparametern des verspannten und unverspannten Films, welche über die epitaktische Linie miteinander gekoppelt sind, sowie von der Orientierung des magnetischen Moments (Polarwinkel θ und Azimutwinkel Φ) und der Schichtdicke d. Implizit existiert auch noch eine Temperaturabhängigkeit, die über die Anisotropiekonstanten in die Gleichung eingeht [3]. Die stabile Situation der Magnetisierung wird durch das Minimum der Anisotropieenergie bestimmt. Die gesamte Anisotropieenergie ist für die Systeme Ni/Cu$_3$Au und Ni/Cu(100) über dem Polarwinkel θ und der Schichtdicke d aufgetragen.

---

[3] In einzelnen Fällen erleidet eine Anisotropiekonstante bei Variation der Temperatur einen Nulldurchgang, und die Richtung der Magnetisierung klappt um. Ein solcher Reorientierungsübergang wird experimentell z.B. als das Auftreten sogenannter Hopkinson-Maxima bei der Messung der Suszeptibilität beobachtet [40]. Der Temperaturgang der Anisotropiekonstanten wird hier jedoch nicht berücksichtigt.

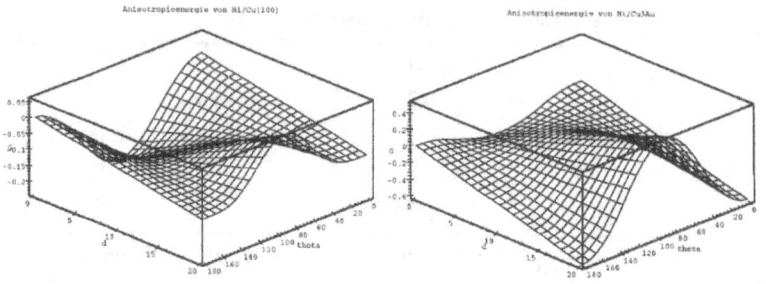

Abbildung 3.2: **Magnetokristalline Anisotropieenergie von kfz-Nickel**. Suche für jede Schichtdicke *d* den Winkel θ, bei der die Anisotropieenergie minimal ist. Für beide Systeme liegt das Minimum für *d* = 0 bei θ = 90°. Bei sehr kleinen Schichtdicken liegt der Magnetisierungsvektor also in der Ebene. Die größere Gitterfehlpassung beim System Ni/Cu₃Au mit 6,3 % gegenüber 2,4 % bei Ni/Cu(100) bewirkt, daß die polare Magnetisierung bereits unterhalb 10 ML (Mono-Layers / Monolagen) einsetzt. Bei Ni/Cu(100) sind die Filme erst oberhalb 10 ML polar magnetisiert.

Von Interesse sind die Randbedingungen, bei denen der Winkel θ den Wert 0 annimmt und die Anisotropieenergie minimal wird, denn dies bedeutet eine Stabilisierung der senkrechten Anisotropie. Im Anhang zu dieser Arbeit wird ein geschlossener Ausdruck for die Schichtdicke hergeleitet, ab der eine polare Magnetisierung gegeben ist. Sieht man von der azimutalen Abhängigkeit der Anisotropieenergie ab, dann ist diese Schichtdicke durch das Verschwinden der 1. Ableitung der Anisotropieenergie nach dem Polarwinkel θ gegeben. Vernachlässigt man noch den Volumenanteil der magnetokristallinen Anisotropieenergie, dann erhält man als geschlossenen Ausdruck für die Schichtdicke, bei der die Magnetisierung senkrecht zur Probenfläche orientiert ist:

$$d_{krit} = \frac{-\left(K_{Form}^S + K_{Krist.}^S\right)}{K_{Form}^V + B_1\left(\frac{a}{a_0} - \frac{a}{a_0}^{-2\frac{c_{12}}{c_{11}}}\right)} \qquad (3.15)$$

3.1.5 Vergleich der Anisotropiekonstanten

Nachstehend werden die einzelnen Anisotropiekonstanten für Fe, Co und Ni aufgeführt und gegenübergestellt. Die magnetokristallinen Anisotropiekon-

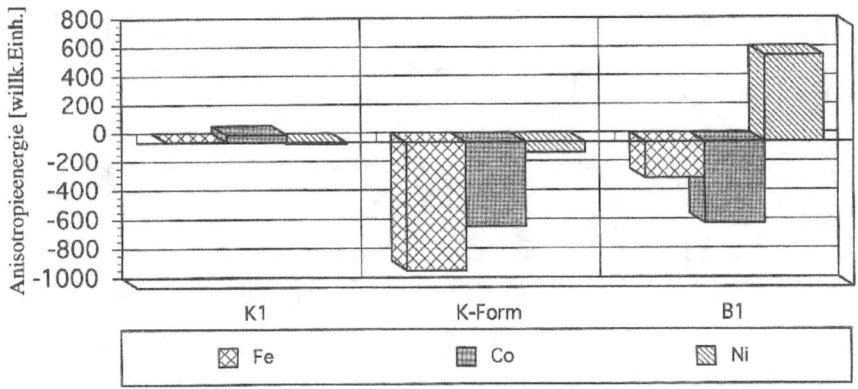

Abbildung 3.3: **Vergleich der Volumenbeiträge**. Dargestellt sind die Volumenbeiträge zu den Anisotropiekonstanten von Fe, Co und Ni nach Tabelle 3.3. Die Energien sind mit dem Faktor 10^{-6} multipliziert. Direkt vergleichbar sind der magnetokristalline Beitrag $K1$ und der Formanisotropiebeitrag K-Form. Bei $B1$ ist eine tetragonale Verspannung von 1% vorausgesetzt.

stanten sind von der Größenordnung 10^{-6} eV / Atom und werden in jedem Fall von der Formanisotropiekonstanten um 1 (Ni) bis 2 (Fe) Größenordnungen dominiert. Die Formanisotropiekonstanten haben sämtlich ein negatives Vorzeichen und favorisieren damit eine Magnetisierung in der Ebene. Die Werte für die magnetoelastischen Konstanten entsprechen einer tetragonalen Verzerrung des Gitters von 1%. Unter dieser Voraussetzung gelingt bei Nickel, welches eine magnetoelastische Konstante mit negativem Vorzeichen hat, bereits eine deutliche Überkompensation der Formanisotropie um den Faktor 10. Die Grenzflächenbeiträge gehen bei dünnen Filmen als konstante Werte in die gesamte Anisotropieenergie ein. Tabelle 3.3 stellt einen Auszug aus einer Reihe von untersuchten Systemen dar. In den allermeisten Fällen wurden einkristalline Substrate verwendet. Bei ultradünnen Filmen registriert man bei vielen Systemen eine senkrechte Magnetisierung bis zu einigen Monolagen Schichtdicke. Sie wird stabilisiert durch den positiven Beitrag der Grenzflächenanisotropie. Bei Fe und Co wirken elastische Verspannungen diesem Effekt entgegen. Im Falle von Nickel verhält es sich umgekehrt. Bei den Nickel-Systemen wird immer eine negative magnetokristalline Grenzflächenanisotropie festgestellt.

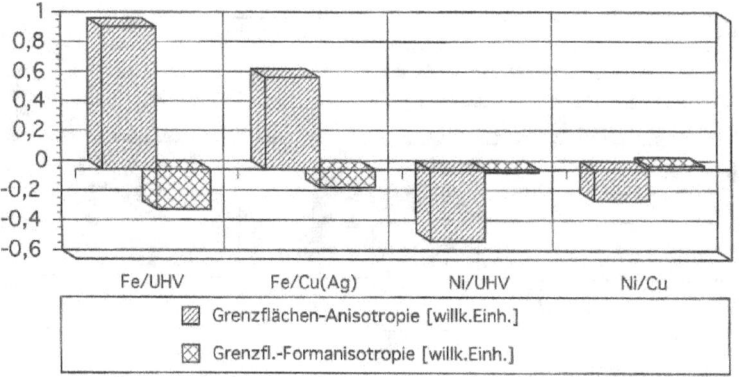

Abbildung 3.4: **Vergleich der Grenzflächenbeiträge**.

Elastische Verspannungen - wie z.B. beim epitaktischen Wachstum - verstärken diesen Effekt. Da es sich bei der magnetoelastischen Energie um einen Volumenbeitrag handelt, könnten theoretisch beliebig dicke Nickelfilme mit einer senkrechten magnetischen Anisotropie erzeugt werden, vorausgesetzt, sie ließen sich entsprechend verspannen. Die Werte für die Formanisotropie basieren auf Rechnungen. Bei den in Abbildung 3.5 vorgestellten Systemen überwiegt vom Betrage her immer die magnetokristalline Grenzflächenanisotropie.

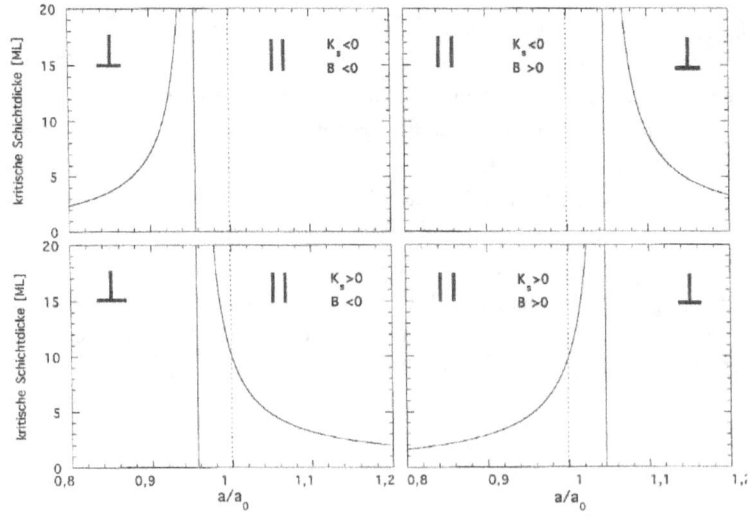

Abbildung 3.5: **Abhängigkeit der kritischen Schichtdicke vom Vorzeichen der Anisotropiekonstanten**. Betrachtet wird nur das Vorzeichen der magnetoelastischen Anisotropiekonstanten und der magnetokristallinen Grenzflächen-Anisotropiekonstanten.

Die Formanisotropie wurde in dem Diagramm für jeden Fall mit einem negativen Vorzeichen berücksichtigt.

Eine schematische Übersicht über die Bereiche for die polare und longitudinale Magnetisierung in Abhängigkeit vom Vorzeichen der Anisotropiekonstanten und der elastischen Verspannung des Kristallgitters ist in der Abbildung 3.5 dargestellt. Die Stelle a/a_0 gibt den unverspannten Zustand des Films an und ist durch einen senkrechten Strich gekennzeichnet. Außerdem ist durch einen weiteren senkrechten Strich die Stelle gekennzeichnet, jenseits derer eine polare Magnetisierung auch bei beliebig dicken Filmen nicht möglich ist. Diese Polstelle resultiert aus der Gleichheit der Formanisotropie und der magnetoelastischen Anisotropie im Nenner von Gleichung 3.15. Abschließend seien noch die auf die gleiche Weise berechneten kritischen Schichtdicken in Abhängigkeit der Verspannung for Fe, Co und Ni dargestellt. Das oberste Bild in Abb. 3.6 zeigt die kritische Schichtdicke für Eisen. Zunächst ist festzustellen, daß dünne Eisenfilme senkrecht magnetisiert sind. Dicke Eisenfilme sind in der Ebene magnetisiert. Die kritische Schichtdicke für das Umklappen der Magnetisierung

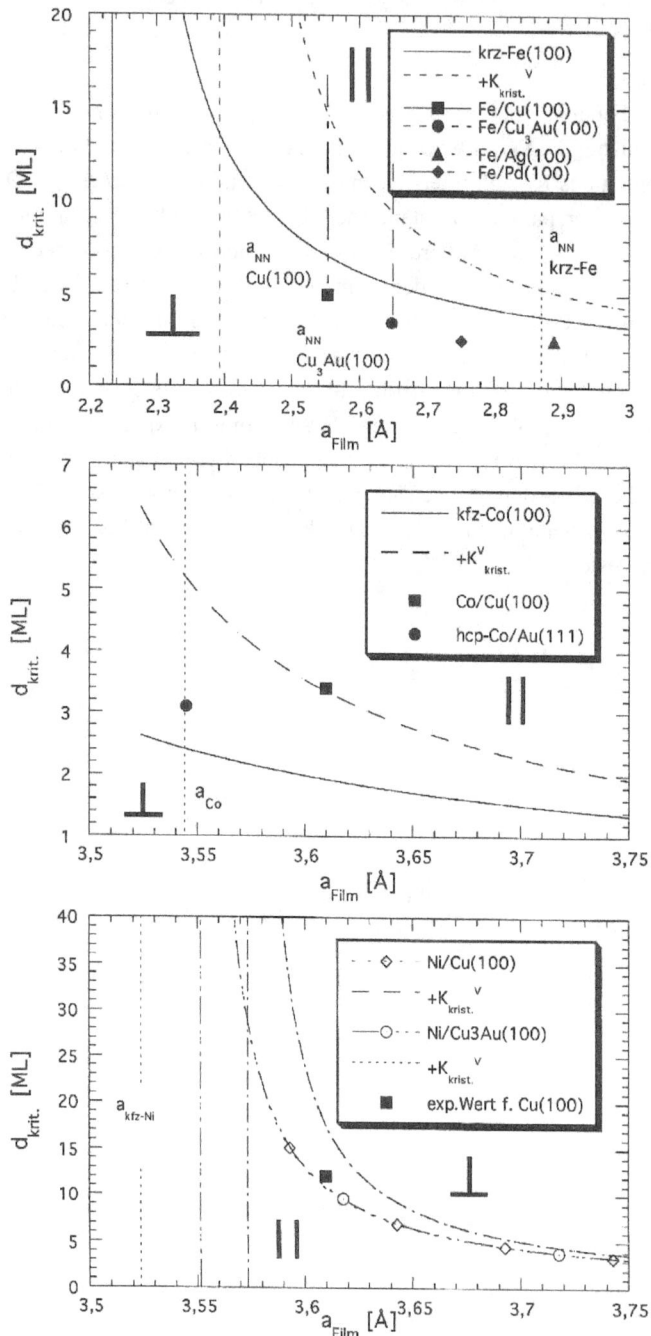

Abbildung 3.6: **Berechnete kritische Schichtdicken für Fe, Co und Ni.**

nimmt mit abnehmender Verspannung zu. Insbesondere ist ein ultradünner, unverspannter Eisenfilm nach diesem Modell senkrecht magnetisiert. Die durchgezogene Linie wurde nach Formel 3.15 ermittelt. Sie berücksichtigt nicht den Volumenbeitrag zur magnetokristallinen Anisotropie. Der Einfluß dieses Beitrags auf die kritische Schichtdicke kann jedoch abgeschätzt werden. Für einen 10 ML dicken Film erhält man maximal $4,02 \times 10^{-5}$ eV/Atom. Die Berücksichtigung dieses Beitrags im Nenner von Formel 3.15 ergibt die durchgezogene Linie im oberen Bild. Dies ist eine Abschätzung der kritischen Schichtdicke nach oben. Die Gitterkonstante von krz-Ni beträgt 2,866 Å. In dem oberen Bild sind 4 experimentell ermittelte Werte für die kritische Schichtdicke eingezeichnet. Sie liegen sämtlich unterhalb der berechneten Kurve. Für die Systeme Fe/Cu(100) und Fe/Cu$_3$Au(100) wird vermutet, daß die magnetischen Eigenschaften stark von den Präparationsbedingungen der Filme abhängen. Bei Fe/Cu$_3$Au(100) wird überdies eine Interdiffusion von Gold als Grund für eine Beeinflussung der magnetischen Anisotropie angesehen [63]. In diesem Zusammenhang sei noch einmal generell angemerkt, daß der Temperaturgang der Anisotropiekonstanten bei der Herleitung der kritischen Schichtdicke nicht berücksichtigt wurde. Zufriedenstellend jedoch ist der Verlauf der experimentellen Werte mit der Verspannung des Films. Die theoretisch erwartete Zunahme der kritischen Schichtdicke $d_{krit.}$ mit kleiner werdendem Gitterabstand a_{Film} wird erfüllt.

In dem mittleren Bild ist die kritische Schichtdicke für kfz-Kobalt dargestellt. Wiederum wird in der gestrichelten Kurve der abgeschätzte Beitrag für $K_{krist.}$ berücksichtigt. Ultradünne Filme sind senkrecht magnetisiert, dickere Filme sind in der Ebene magnetisiert. Als experimentelle Vergleichswerte sind die von hexagonalem Kobalt auf Au(111) [48] und von Co/Cu(100) [64] eingetragen. Im erstgenannten Fall werden elastische Verspannungen vermutet, jedoch nicht quantifiziert. Pseudomorphes Wachstum und eine daraus resultierende Gitterfehlpassung von 14% werden allerdings ausgeschlossen. Aus diesem Grunde wurde der Datenpunkt (3,1 ML) beim natürlichen Gitterparameter von Co (3,544 Å) eingetragen. Im Fall Co/Cu(100) beträgt die Gitterfehlpassung etwa 2%, und die kritische Schichtdicke ist 3,4 ML. Im unteren Bild schließlich ist die kritische Schichtdicke von Nickel dargestellt. Ultradünne Filme sind in der Ebene magnetisiert, und dicke Filme sind senkrecht magnetisiert. Bislang wurde noch nicht auf den Unterschied der Grenzflächenbeitrage eingegangen, der durch die Wahl des Substrats als besondere chemische Spezies bedingt ist. Tabelle 1.4 zeigt Werte für die Anisotropiekonstanten, die von System zu System unterschiedlich sind. Diese hängen ab von der Packungsdichte der Grenzfläche und von den sie bildenden chemischen Elementen. Der chemische Unterschied der Grenzflächen ist an den Systemen Ni/Cu$_3$Au(100) und Ni/Cu(100) verdeutlicht. Der Unterschied ist gering, wie man an den mit Kreis und Raute gekennzeichneten Kurven für die kritische Schichtdicke sieht. Sie liegen aufeinander. Dies gilt auch für die Kurven, bei denen $K^V_{krist.}$ Berücksichtigt ist. Die kritische Schichtdicke für Ni/Cu(100) beträgt 12 ML [22] in zufriedenstellender Übereinstimmung mit der berechneten kritischen Schichtdicke.

4 Experimenteller Aufbau

Da unter Normalbedingungen alle Oberflächen mit Adsorbaten aus der sie umgebenden Atmosphäre benetzt sind (Wasser, Kohlen- und Stickoxide) oder oxidieren, wird die Charakterisierung dünner Filme häufig unter Vakuum durchgeführt. Adsorbate können die Eigenschaften von Oberflächen modifizieren und die Messung erschweren. Viele Charakterisierungsmethoden der Oberflächenphysik, z.B. die Beugung niederenergetischer Elektronen (LEED: Low Energy Electron Diffraction), sind erst im Vakuum möglich, weil die Filamente der Meßgeräte an Luft oxidieren und zerstört werden. Darüber hinaus verfügen die oberflächensensitiven niederenergetischen Elektronen an Luft über eine so geringe mittlere freie Weglänge, daß sie nicht mehr nachgewiesen werden können. Zur genauen Untersuchung der Korrelation von Struktur, Wachstum und Magnetismus ultradünner Filme ist es darüber hinaus erforderlich, die Präparation und Charakterisierung der Filme ohne Brechung des Vakuums (*in situ*) vorzunehmen. In diesem Kapitel wird der Aufbau der Vakuumapparatur und die Präparation der Proben beschrieben.

4.1 Die Apparatur

Die Ni-Filme wurden auf einem einkristallinen $Cu_3Au(100)$-Substrat gewachsen. Die Experimente wurden im Ultrahochvakuum durchgeführt. Dazu stand ein eigens für die Untersuchung der Korrelation von Magnetismus, Struktur und Wachstum entwickelter Rezipient aus Edelstahl zur Verfügung. Um den Einfluß des Erdmagnetfeldes auf die Messungen zu minimieren, ist er mit µ-Metall ausgekleidet. Das Pumpensystem zur Evakuierung des Rezipienten besteht aus einer Drehschieberpumpe, einer Turbomolekularpumpe, einer Ionengetterpumpe und einer Titansublimationspumpe. Nach 36 Stunden Ausheizen bei 440 K beträgt der Basisdruck im Rezipienten 3×10^{-9} Pa. Die Messung des Drucks erfolgt mit einer Ionisationsdruckmeßröhre. Zur Restgasanalyse und zum Lecktest enthält die UHV-Kammer ein Quadrupolmassenspektrometer.

Der $Cu_3Au(100)$-Einkristall ist an einem Manipulator befestigt, der es ermöglicht, den Kristall in 3 Raumrichtungen unabhängig zu bewegen, ihn in der Horizontalen zu drehen und so den Polarwinkel zu verändern, sowie ihn um die Achse senkrecht zur Probenoberfläche zu drehen - dies bedeutet eine Änderung des Azimuts. Die Probe verfügt über einen festen Tilt von etwa 1°. Die Probe kann an dem Manipulator geheizt und gekühlt werden. Die Heizung erfolgt rückwärtig durch ein Wolfram-Filament. Die thermische Heizung kann durch Elektronenbeschuß unterstützt werden. Auf diese Weise kann die Probe auf über 1100 K geheizt werden.

Die Wärme der Probe wird über eine Cu-Litze an einen Kühlbehälter abgeführt, der von außen mit flüssigem Stickstoff versorgt wird. An der Probe ist ein NiCr/Ni-Thermopaar befestigt. Mittels einer elektronischen Temperatursteuerung ist es möglich, die Probentemperatur auf einem definierten Wert zu halten. Durch die Stickstoffkühlung kann eine minimale Probentemperatur von 90 K erreicht werden. Präparation und Charakterisierung der Filme erfolgen auf zwei übereinanderliegenden Ebenen in der Kammer.

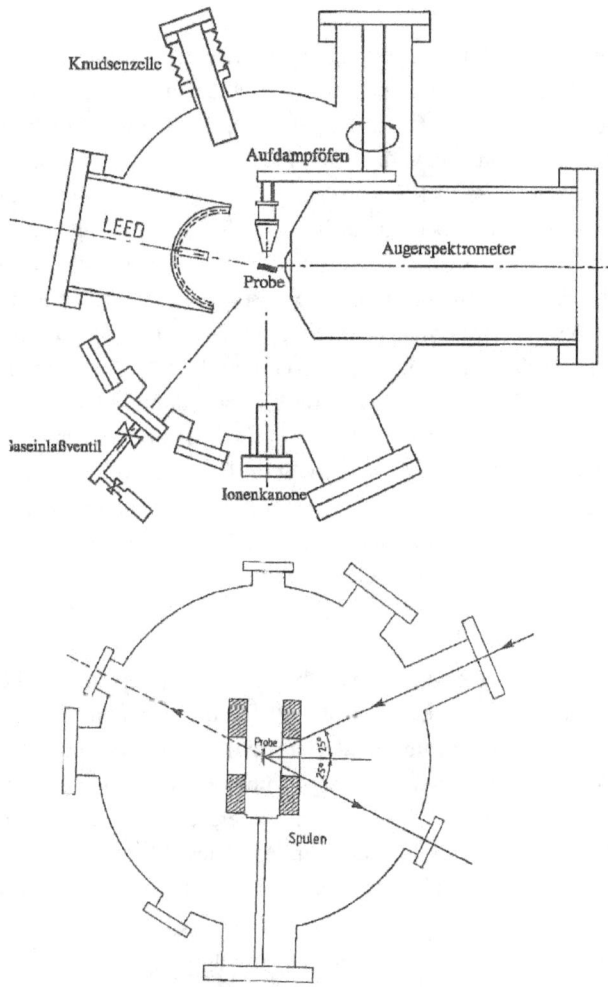

Abbildung 4.1: Aufbau der Aparatur. Die obere Abbildung stellt die oberste Meßebene dar. Zu sehen sind das Augerspektrometer, die Ionenkanone, ein Gaseinlaßventil, das LEED-System, eine Knudsenzelle zum Aufdampfen von Mangan sowie zwei an einem schwenkbaren Arm befestigte Ofen zum Aufdampfen von Nickel. Die Probe ist in Aufdampfposition. Die untere Abbildung zeigt die mittlere Meßebene mit dem

Helmholtzspulenpaar. Der durchgezogene Strich soll die polare Meßgeometrie für den Kerreffekt andeu-ten. Das Laserlicht fällt um 25° gegen die Probennormale auf die Probenoberfläche; in longitudinaler Geometrie ist die Probe um 90° gedreht.

In der obersten Ebene sind ein SPECTRALEED-System, eine Ionenkanone zum Ätzen von Film oder Substrat mit Argon-Ionen sowie ein dazugehöriges Gaseinlaßsystem, ein Augersystem mit Zylinderspiegelanalysator (CMA) sowie ein Ofenpaar, das mit einem außerhalb der Kammer angebrachten Schwenkarm aus einer unteren Position auf die oberste Ebene geschwenkt werden kann.

Die optischen Achsen von LEED-Sytem und Augersystem schließen einen Winkel von 170° ein. Diese Anordnung erlaubt die Durchführung von MEED-Experimenten. Die Probe wird dazu so in Position gebracht, daß die Elektronen des Augersystems mit einer Energie von 3 keV flach auf die Probe treffen und dann auf den fluoreszierenden Schirm des LEED-Systems gebeugt werden. Der Einfallswinkel des Elektronenstrahls beträgt zwischen 80° und 85° gegen die Oberflächennormale der Probe. In dieser Position können mit den Ofen Filme aufgedampft werden. Durch die Beobachtung der Beugungsreflexe auf dem Bildschirm kann so das Wachstumsverhalten studiert werden. Das Beugungsbild wird von einer Videokamera erfaßt und mit einer PC-Grabberkarte digitalisiert. Die digitalisierten Beugungsbilder können zur weiteren Verwendung abgespeichert werden. Das Bilderfassungs- und Bildverarbeitungssystem "aida-pc" zeichnet die Reflexintensitäten entlang der Zeitachse auf. Man erhält im Ergebnis MEED-Kurven oder Wachstumskurven. Das LEED-System dient zur Strukturbestimmung der Ni-Filme. Als Elektronenquelle dient ein LaB_6-Filament, das gegenüber herkömmlichen Wolfram-Filamenten den Vorteil hat, bei guter Elektronen-Emission nur wenig Licht zu emittieren.

Die Energie der Elektronen ist bis zu 500 eV einstellbar. Das Beugungsbild wird bei den strukturellen Untersuchungen mit einer Restlichtkamera aufgenommen. Das System aida-pc verfügt über eine Reihe von A/D- und D/A-Wandlern. Die Steuerungselektronik des LEED -Systems kann über einen D/A-Wandler angesprochen werden. aida-pc regelt die Elektronenenergie und zeichnet die Reflexintensitäten in Abhängikeit dieser Energie auf. Auf diese Weise erhält man LEED-I(E)-Kurven der betrachteten Struktur. Darüber hinaus gestattet die Software auch eine Messung und Auswertung von Reflexprofilen. Abstände auf Beugungsbildern können mit einem Lineal ausgemessen und auf den Realraum bezogen werden. Das Augersystem dient dazu, die Zusammensetzung und Kontamination der Probe zu untersuchen. Außerdem dient es zur Bestimmung der Dicke der Ni-Filme. Die Primärenergie der Elektronen beträgt 3 keV. In den beiden Aufdampföfen wird je eine dünne Nickelscheibe von 0,2 mm Dicke und 10 mm Durchmesser von der Rückseite von einem wendelförmigen Wolfram- oder Tantalfilament geheizt. Der Abstand zwischen Filament und Plättchen beträgt nur wenige Millimeter. Die so erzielte thermische Strahlung reicht aus, um das Plättchen auf mehr als 1600 K zu heizen. Die Leistungsaufnahme der Filamente liegt zwischen 70 und 100 Watt. Die Aufdampfraten liegen zwischen 0,5 und 2,5 Monolagen pro Minute. Die Öfen sind so konstruiert, daß nur das Aufdampfgut Atome in Aufdampfrichtung emittiert. Eine doppelwandige Ummantelung des Ofens mit Wasserkühlung bewirkt eine Reduzierung des Restgasdruckes. Als Aufdampfgut wurde hochreines Nickel (Reinheitsgrad 99,98 %) verwendet. In der unteren Meßebene befindet sich ein Helmholtz-Spulenpaar, zwischen dem die Probe magnetisiert werden kann. Im Gleichstrombetrieb werden Felder von bis zu 80 kA/m (1000 Oe) erreicht. Der Kerr-Effekt kann in longitudinaler und polarer Geometrie gemessen werden. In polarer Geometrie fällt der Laserstrahl von außen durch ein Fenster unter 25° gegen die Oberflächennormale auf die Probe, wird reflektiert und gelangt durch ein weiteres Fenster zur Detektion nach außen. Durch Drehung der Probe um 90° in der Ebene gelangt sie in die longitudinale Geometrie. Der Lichtstrahl fällt dann unter 25° gegen die Ebene auf die Probe. Dies bedeutet, daß bei einer bestimmten Magnetisierungsrichtung des Films in beiden Meßgeometrien Signale verzeichnet werden konnen. Man hat durch den Lichteinfall unter 25° also eine Kopplung beider Geometrien. Bei der Interpretation der Meßergebnisse ist dieser Umstand zu berücksichtigen.

4.2 Besonderheiten des Cu_3Au-Substrats

Ausschlaggebend für die Wahl von Cu_3Au als Substratmaterial war die gegenüber Ni relativ große Gitterkonstante von 3,745 Å, die eine Gitterfehlpassung von mehr als 6% ermöglichen sollte. Cu_3Au ist eine binäre Legierung mit einem Ordnungs-/Unordnungsubergang bei T_c=663 K [70].

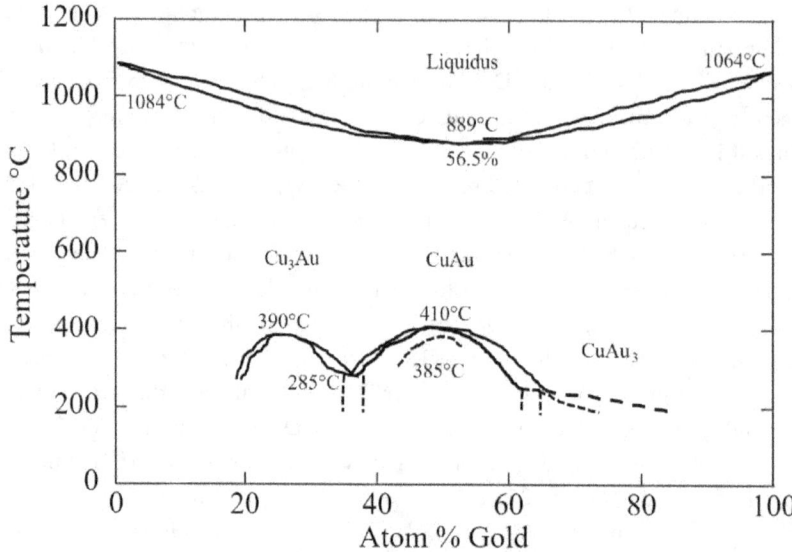

Abbildung 4.2: **Zustandsdiagramm des Systems Au-Cu**. Das System Au-Cu hat einen festen Erstarrungspunkt bei 1162 K. Es gehört zu den Systemen mit lückenloser Mischkristallbildung. Angedeutet ist die Tendenz zur Ordnung bei Temperaturen um 670 K.

Oberhalb dieses Curie-Punktes (vgl. [12, 15, 17]) besitzt sie eine kubisch flächenzentrierte Struktur, und jeder Gitterplatz ist homogen mit einem Cu-Atom mit der Wahrscheinlichkeit 3/4 und mit einem Au-Atom mit der Wahrscheinlichkeit 1/4 besetzt. Unterhalb dieser Temperatur stellt man sich die kubische Einheitszelle modellhaft als in den Eckpunkten mit Au-Atomen und auf den Flächenmitten mit Cu-Atomen besetzt vor. Die so entstandene Überstruktur wird in Beugungsexperimenten durch das Auftreten zusätzlicher Reflexe bemerkbar, da sich die verschiedenen Atomsorten in ihrem Streuverhalten unterscheiden.

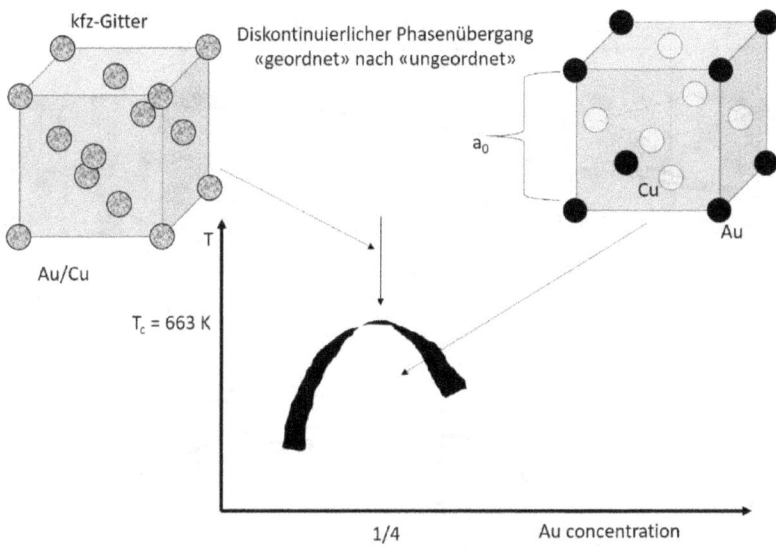

Abbildung 4.3: **Der Ordnungs-/Unordnungsübergang von Cu_3Au bei 663 K**.

Das durch die Atome einundderselben Sorte gebildete Übergitter ist im Realraum größer als das dazu korrespondierende flächenzentrierte Gitter der ungeordneten Phase. Die Gitterparameter unterscheiden sich um den Faktor $\sqrt{2}$. Im Beugungsbild der (100)-Fläche von geordnetem Cu_3Au werden daher Beugungsreflexe an den Positionen (1/2, 1/2) beobachtet. Mittels verschiedenster experimenteller Techniken ist gefunden worden, daß Cu_3Au an seiner Oberfläche über ein sogenanntes Segregationsprofil verfügt. Die Oberfläche dieser Legierung ist mit Gold angereichert [3, 63, 66, 67, 68, 69]. Nach neuesten Rechnungen fällt das Segregationsprofil oberhalb des Curie-Punktes exponentiell ab [3]. Bei der Präparation ultradünner Filme sind die Löslichkeiten von Substratmaterial und Aufdampfmaterial grundsätzlich zu berücksichtigen. Je nachdem, welches System vorliegt, kommt es zu einer Legierungsbildung zwischen Substrat- und Aufdampfmaterial, indem Substratatome beim Aufdampfen des Films in den Film hineindiffundieren. Möglich ist auch, daß Substratatome an die Filmoberfläche segregieren. Dies konnte bei magnetischen Filmen z.B. die Grenzflächenanisotropie beeinflussen. Die Mischbarkeit von Au und Ni ist im Festen sehr gering, wie das Zustandsdiagramm zeigt. Dies ist auf den Unterschied der Atomradien von Au und Ni zurückzuführen [71]. Bei Cu und Ni ist jedoch von einer Tendenz zur Bildung einer intermetallischen Phase auch bei Raumtemperatur auszugehen (siehe Cu-Ni-Phasendiagramm).

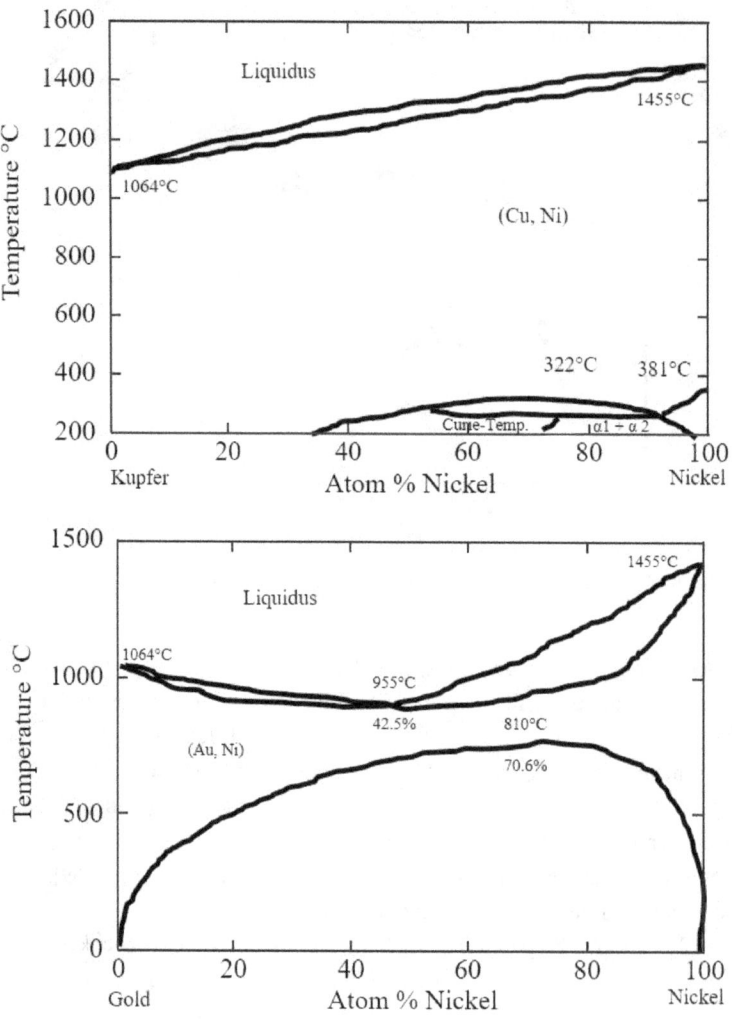

Abbildung 4.4: **Phasendiagramm des Systems Cu-Ni (oben) bzw. Au-Ni (unten), nach Hansen, [70]**.

Mischbarkeit von Au und Ni ist im Festen sehr gering, wie das Zustandsdiagramm zeigt. Dies ist auf den Unterschied der Atomradien von Au und Ni zurückzuführen [71]. Bei Cu und Ni ist jedoch von einer Tendenz zur Bildung einer intermetallischen Phase auch bei Raumtemperatur auszugehen (siehe Cu-Ni-Phasendiagramm). Ein Weg, die Bildung intermetallischer Phasen beim Aufdampfen zu umgehen, ist die Unterdrückung der Interdiffusion, indem man z.B. bei tiefen Temperaturen aufdampft [63].

4.3 Die Probenpräparation

Zur Erzielung reproduzierbarer Meßergebnisse wurde das Substrat bei jedem Versuch nach dem gleichen Verfahren präpariert. Die Reinigung der Oberfläche erfolgt durch Ätzen mit Argon-Ionen bei einer Energie von 2 keV. Der Partialdruck des Argons in der Kammer beträgt 6,5 10^{-5} Pa. Die Ionengetterpumpe ist während des Ätzens durch ein Ventil von der UHV-Kammer getrennt. Die Turbomolekularpumpe pumpt das Argon jedoch kontinuierlich ab.

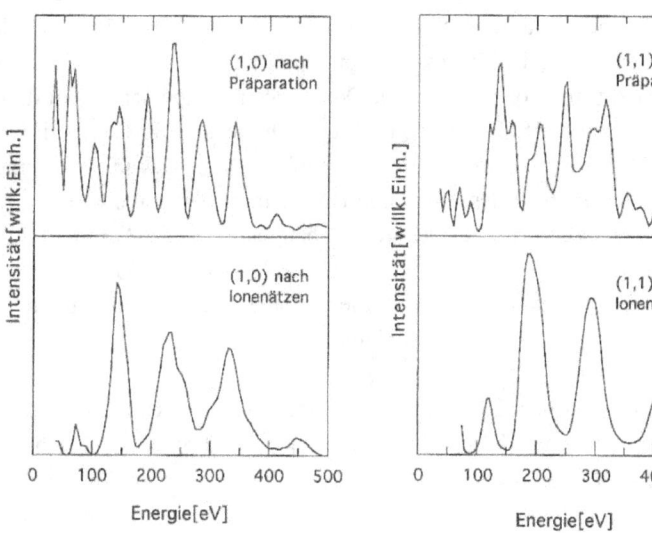

Abbildung 4.5: **Einfluß der Präparationsmethode auf die I(E)-Kurven.** Die beiden oberen Spektren weisen deutlich mehr Peaks auf, als die unteren Spektren. Der Unterschied rührt von den halbzahligen Reflexen des geordneten Substrats her.

Die lediglich mit Restgas verunreinigte Probe wird bei Raumtemperatur 5 Minuten lang mit 2 keV-Ionen und anschließend bei 500 K noch 10 Minuten lang mit 1 keV-Ionen geätzt. Die dabei entstehenden Defekte werden ausgeheilt, indem die Probe 5 Minuten lang auf 773 K angelassen wird. In Schritten von 5 K pro Minute wird die Probentemperatur reduziert, bis sie 630 K erreicht hat. Diese Temperatur wird 20 Minuten lang gehalten. Nach dieser Präparation weist das LEED-Bild des Kristalls eine scharfe c(2x2)-Überstruktur auf. Auch im MEED-Beugungsbild sind die Überstruktur-Reflexe deutlich und scharf. Verunreinigungen des Kristalls mit Sauerstoff, Schwefel und Kohlenstoff sind mit Auger-Spektroskopie nicht mehr nachweisbar.

4.4 Keilförmige Proben

Die Untersuchung von keilförmigen Proben ermöglicht eine und sichere Zuordnung der Filmeigenschaften zur Filmdicke [63]. Zunächst wird jedoch die Herstellung von Proben mit homogener Schichtdicke beschreiben. Der Aufdampfofen wird nach Augenmaß mittig vor der Probe justiert. Dann wird ein Film möglichst mit einer solchen Dicke aufgedampft, daß kleine Änderungen in der Schichtdicke eine große Änderung im Augerverhältnis der Peaks Ni_{848}/Cu_{849} zu Cu_{920} hervorrufen. In der Regel erhält man beim erstmaligen Aufdampfen keinen Film homogener Dicke. Von diesem Film werden Augerspektren aus der Filmmitte und auf der Probe in Randnähe aufgenom- men. Man benötigt mindestens 5 Meßpunkte: einen aus der Probenmitte sowie je einen in der Nähe vom oberen und unteren sowie vom rechten und linken Probenrand (kreuzformiger Scan). Den Probenrand bemerkt man durch das Verschwinden sowohl der Substrat- als auch der Filmpeaks. Hierdurch wird die Probenmitte bezüglich der Augerposition bestimmbar. Man gewinnt so einen Überblick über das Dickenprofil des Films und kann durch sukzessive Korrekturen (durch Korrigieren der Ofenposition oder der Probenposition) die Aufdampfmitte (die Aufdampfposition for die Herstellung von Filmen homogener Dicke) finden. Wenn die Aufdampfmitte bekannt ist, wird die Probe vor dem Aufdampfen um einige Millimeter vertikal gegenüber der Aufdampfmitte versetzt.

Man erhält somit einen keilförmigen Film. Nun können Augerspektren in vertikaler Folge aufgenommen werden. Für jede Stelle auf der Probe läßt sich das entsprechende Augerverhältnis angeben. Analog verfährt man bei einer LEED-Messung. Die Probe sei so in Position, daß man ein Beugungsbild sieht. Nun bewege man die Probe in vertikaler Richtung und notiere sich den Skalenwert am Manipulator, bei der das Beugungsbild verschwindet. Man bewege die Probe nun in die entgegengesetzte Richtung und notiere sich wiederum den Skalenwert, bei der das Beugungbild verschwindet. Der Mittelwert aus beiden Skalenwerten gibt die Mitte in vertikaler Richtung an. Ebenso wird in horizontaler Richtung verfahren. Auf diese Weise erhält man die Probenmitte in LEED-Position. Bei einer beliebigen LEED-Messung an einem Keil kann so die Lage des Meßpunktes gegenüber der Probenmitte angegeben werden. Somit wird jedem Meßpunkt auf der Probe das entsprechende Auger-Verhältnis zuordenbar. Dies gilt auch für die MOKE-Messungen. Die Probenmitte erhält man hier über die Bestimmung des Randes, an dem der Laserstrahl nicht mehr vollständig reflektiert wird.

4.5 Bestimmung der Schichtdicke

Die Eigenschaften ultradünner Filme sind in hohem Maße von der Dicke der Filme abhängig. Zur Untersuchung der Korrelation von Struktur, Wachstum und Magnetismus ist eine präzise Schichtdickenbestimmung unerläßlich. Eine bewährte

Methode zur Schichtdickenbestimmung in der Oberflächenphysik ist die Betrachtung und der Vergleich charakteristischer Augerlinien von Film- und Substratmaterial. Sind die mittleren freien Weglängen von Augerelektronen bekannt, kann durch eine Eichung über die absoluten Auger-Intensitäten bzw. Peakhöhen halbunendlich (= dicker) ausgedehnter Proben die Dicke eines Films ermittelt werden.

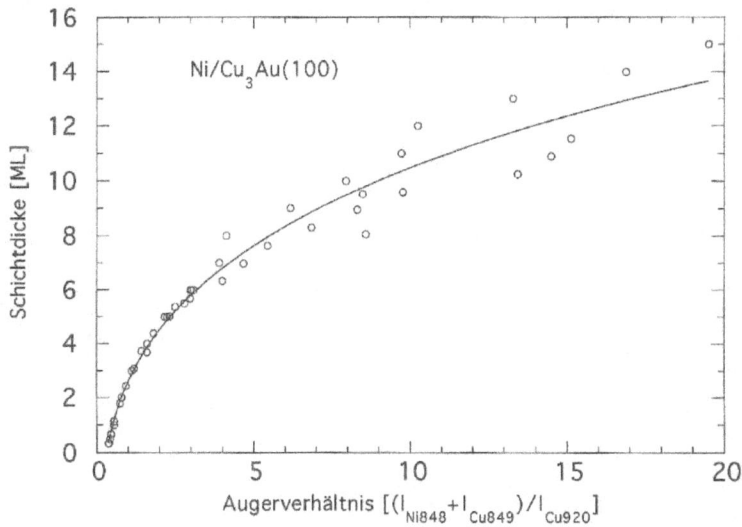

Abbildung 4.6: **Eichkurve zur Bestimmung der Schichtdicke**.

Dieses Verfahren scheidet in unseren Versuchen jedoch aus, da einerseit das Augersystem nicht reproduzierbare absolute Peakhöhen liefert, und andererseits die hier betrachteten Auger-Linien von 848 eV für Nickel und 920 eV für Kupfer nicht eindeutig zu ermitteln waren. Kupfer weist bei 849 eV einen Auger-Peak auf, der in unserem Auger-System nicht ausreichend von dem direkt benachbarten Nickel-Peak zu trennen ist. Daher wurde folgendes Verfahren angewandt: Ni wächst auf Cu_3Au bei Raumtemperatur lagenweise auf. Die MEED-Kurven zeigen 4 deutliche Maxima, die auf lagenweises Wachstum schließen lassen. Bei Auftreten des 4. Maximums ist der Film 5 ML dick. Die Zeit, die bis zum Auftreten des 4. Maximums vergeht, wird daher als die fünffache Aufdampfrate definiert. Damit ist die Aufdampfrate des Ofens bekannt. Nun werde auf das sauber präparierte Substrat z.B. eine halbe Monolage aufgedampft, und danach werde ein Auger-Spektrum auf- genommen. Wendet man diese Schritte sukzessive an, dann läßt sich jeder Schichtdicke eindeutig ein Auger-Spektrum zuordnen, und umgekehrt. Praktisch wurde das Verhältnis der Peakhöhen aus den nicht trennbaren Peaks Ni_{848}/Cu_{849} und Cu_{920} gebildet und gegen die aus Aufdampfrate und Aufdampfzeit gebildete Schichtdicke aufgetragen. Um sicher zu sein, daß die

Aufdampfrate des Ofens konstant blieb, wurde dieses Verfahren zweimal mit neuen MEED-Kurven wiederholt. Die Abbildung 4.6 zeigt die so gewonnene Lageneichung.

5 Das System Ni/Cu$_3$Au(100)

Die magnetische Anisotropie ist seit einigen Jahren aktuelles Forschungsthema in der Grenzflächenphysik. Vor allem die magnetischen Vielfachschichten finden großes Interesse nicht zuletzt in der Industrie, weil man gezielt ferromagnetische Werkstoffe mit einer senkrechten magnetischen Anisotropie maßschneidern möchte. Da die Vielfachschichten insgesamt gesehen eine sehr große Grenzfläche haben, sind auch die Grenzflächenbeiträge zur magnetischen Anisotropie so groß, daß sie bei geeignetem Design die Formanisotropie, die eine Magnetisierung in der Ebene fordert, übertreffen können. Vergleichsweise wenig Beachtung findet die magnetoelastische Anisotropie- energie, die bei Nickel eine senkrechte Magnetisierung hervorrufen kann. Als Beispiel sei das System Ni/Cu(100) genannt, bei dem eine senkrechte Magnetisierung bei Filmen von bis zu 70 Atomlagen Dicke festgestellt wurde [22]. Die Anisotropieenergie ist abhängig von der Verspannung des Films. Der Einfluß dieser Verspannung auf die Magnetisierungsrichtung von Nickel auf Cu$_3$Au wurde in dieser Arbeit untersucht. Die Ergebnisse sind in diesem Kapitel dargestellt.

5.1 Magnetismus

Die Untersuchung der magnetischen Eigenschaften der Ni-Filme auf dem Cu$_3$Au(100)-substrat erfolgte mittels magnetooptischem Kerr-Effekt (MOKE). Dazu wurden keilförmige Nickelfime bei 300 K aufgedampft. Die Temperatur der Filme bei der Messung betrug regelmäßig 166 K. Für Filme mit Dicken von bis zu 20 ML wurden systematisch Hysteresekurven in longitudinaler und polarer Geometrie aufgenommen. Da Nickel über ein schwaches magnetisches Moment verfügt, wird das Signal/Rausch-Verhältnis bei ultradünnen Filmen sehr klein. Die berechneten Werte des magnetischen Moments für Nickel im Volumen liegen zwischen 0,53 und 0,63 µ8 / Atom. Der experimentell ermittelte Wert beträgt 0,56 µ8 / Atom [27]. Für Filme mit Dicken von weniger als 5 ML konnten daher keine Hysteresekurven gemessen werden. Sättigungsmagnetisierung, remanente Magnetisierung und Koerzitivfeldstärke wurden an den Hysteresekurven abgelesen und gegenüber der Schichtdicke aufgetragen. Die Meßergebnisse sind in Abbildung 1.1 dargestellt. Die gefüllten Kreise zeigen die Meßpunkte, die in polarer Kerr-Geometrie gewonnen wurden. Sie wurden ausschließlich bei Filmen mit Dicken zwischen 5 und 12 ML gemessen. Daraus ist zu folgern, daß Filme bei diesen Schichtdicken eine senkrechte Anisotropie besitzen [4]. Die Werte für die Magnetisierung steigen im

---

[4] Strenggenommen wird die senkrechte Komponente des Magnetisierungsvektors zu den Grenzen 5 bzw. 12 ML hin verschwindend klein. Zwischen 5 und 12 ML gibt es jedoch einen endlichen Bereich, in dem die Magnetisierung ausschließlich eine senkrechte Komponente hat.

wesentlichen linear mit der Schichtdicke an. Dieses Verhalten ist charakteristisch für homogen magnetisierte Filme. Bei Filmen ab 12 ML klappt die Magnetisierung in die Ebene.

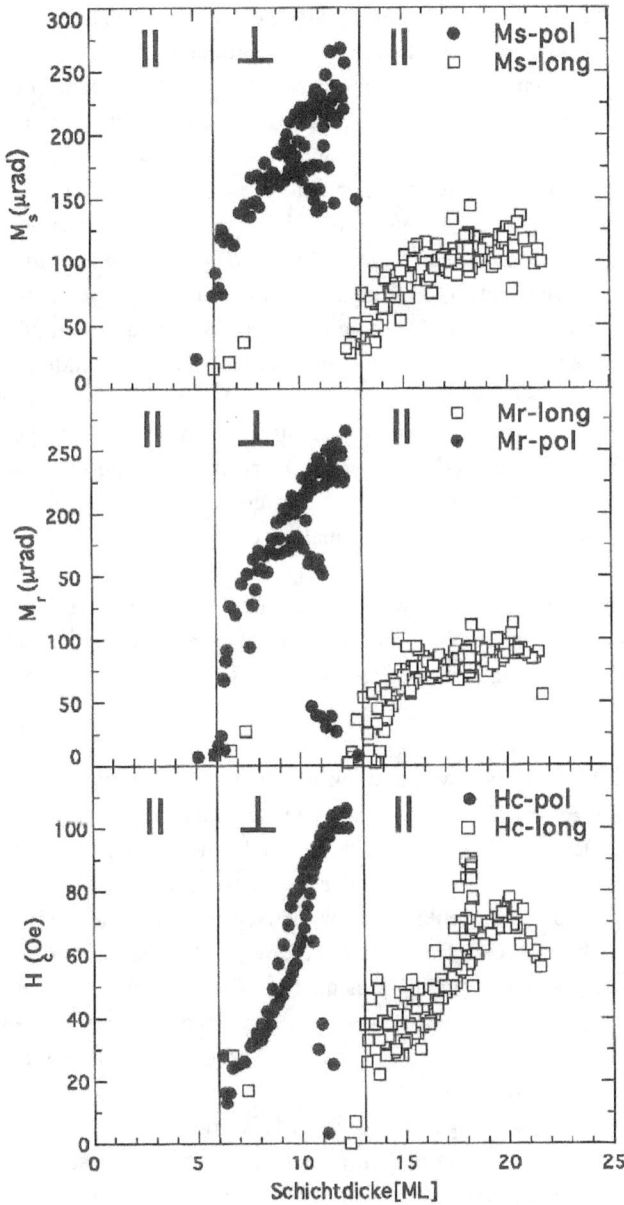

Abbildung 5.1: **Abhängigkeit der magnetischen Eigenschaften von der Schichtdicke.**

Die nicht gefüllten Kreise zeigen die Meßwerte. Die Werte für die Magnetisierung steigen auch hier linear an. Jedoch ist die Änderung im Bereich 12 bis 15 ML deutlich stärker als im Bereich oberhalb 15 ML. Die Anpassungsgeraden zu den Meßwerten im Bereich 5 bis 12 ML und 12 bis 15 ML haben die Steigung 21 µRad/ML. Bei 15 ML sinkt die Steigung auf 3,6 µRad/ML. In manchen Systemen verzeichnet man eine Abnahme dieses Gradienten. Atome an Oberflächen und in ultradünnen Filmen haben in der Regel eine geringere Koordination, was zu einer Bandverengung und bei Ferromagneten zu einer Zunahme des magnetischen Moments pro Atom führt [28],[29],[30]. Dies wird hier nicht beobachtet. Da die Meßempfindlichkeit des MOKE in polarer Geometrie höher ist als in der longitudinalen Geometrie, haben die mit dem Schichtdickenbereich 5 bis 12 ML korrespondierenden Signale eine höhere Intensität als die Signale aus dem Bereich, wo in longitudinaler Geometrie gemessen wurde. In dem Dickenbereich um 6 Monolagen konnten einige schwache Kerrsignale in longitudinaler Geometrie gemessen werden. In der Abbildung ist ein Satz von Hysteresekurven dargestellt, die in longitudinaler und polarer Meßgeometrie bei unterschiedlichen Schichtdicken aufgenommen wurden. Die Hysteresekurven zu 9, 11 und 12 ML in polarer Geometrie sind rechteckig und zeigen damit einen eindomänigen Magnetisierungszustand des Films an, während bei den Kurven zu 7,5 und 12,5 ML bereits ein "Aufweichen" zwischen Remanenz und Sättigung zu verzeichnen ist. Ihnen gegenübergestellt sind die in longitudinaler Geometrie gewonnenen Hysteresekurven. Der Film zu 13,5 ML Dicke zeigt noch eine aufgeweichte Hysterese, aber Filme um 20 ML zeigen bereits rechteckige Hysteresekurven. Die quantitative Analyse des Aufweichverhaltens von Hysteresekurven, die zu elastisch verspannten Filmen gehören, ermöglicht die Bestimmung der magnetoelastischen Konstanten [21].

Mit der hier verwendeten Meßmethode war es nicht möglich, Hysteresekurven von Filmen mit Dicken von weniger als 5 ML aufzunehmen. Zum einen wird das Kerrsignal mit dünner werdendem Film schwächer und nicht mehr auflösbar. Zum anderen zeigen die um 6 Monolagen in longitudinaler Geometrie gemessenen Werte, daß Nickel dort wohl nicht über eine senkrechte magnetische Anisotropie verfügt, was eine Messung zusätzlich erschwert. Daher wurde die wesentlich empfindlichere Suszeptibilitätsmethode angewandt [24],[31]. Bei unseren Experimenten dient sie hauptsächlich der Bestimmung der Curie-Temperatur. Sie gestattet aber grundsätzlich die Detektion von Kerrsignalen und eine grobe Bestimmung der Magnetisierungsrichtung. In polarer Geometrie wurden Signale im Schichtdickenbereich von 8 bis 14 ML gemessen. Die Meßwerte sind durch Kreise angegeben. Dies ist eine gute Bestätigung der Ergebnisse der Hysteresemessungen, wenn man berücksichtigt, daß die Meßgeometrien nicht ganz entkoppelt sind. In longitudinaler Geometrie wurden Signale bei Filmen ab 12 ML und bei Filmen mit Dicken von weniger als 8 ML gemessen. Die Vermutung, daß Nickel zu kleinen Schichtdicken hin in der Ebene magnetisiert ist, wird damit bestätigt. Bei Filmen mit einer Dicke von weniger als 3 ML konnte auch mit der Suszeptibilitätsmethode kein Signal mehr gemessen werden.

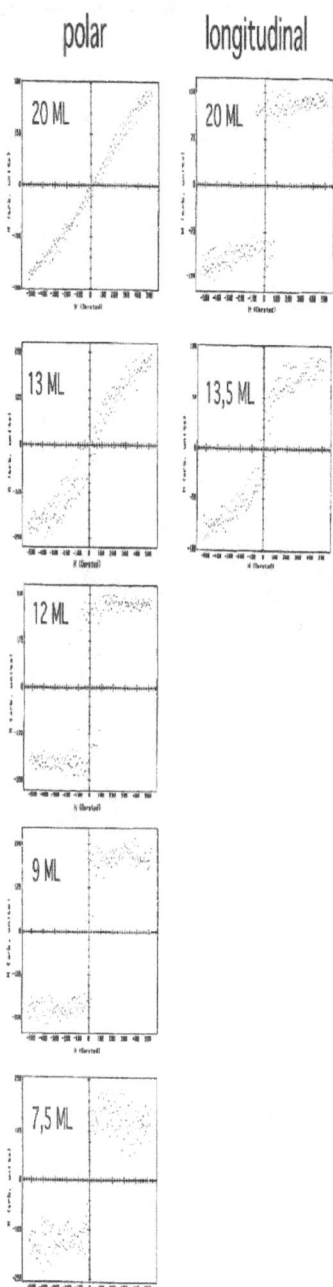

Abbildung 5.2: **Sequenz von Hysteresekurven**. Die Hysteresekurven wurden für verschiedene Schichtdicken aufgenommen. Die Bereiche der polaren und longitudinalen Magnetisierung sind deutlich auszumachen. Zwischen 12 und 13 ML klappt die Magnetisierung in die Ebene. Bei 7,5 ML ist eine polare Magnetisierung noch deutlich vorhanden.

Im Ergebnis sind Nickelfilme auf Cu3Au(100) mit Dicken von bis zu 8 ML in der Filmebene magnetisiert. Filme im Bereich von 8 bis 14 ML besitzen eine senkrechte magnetische Anisotropie, und Filme mit Dicken von über 14 ML sind in der Ebene magnetisiert. Die Grenzen sind jedoch nicht als scharf anzusehen, denn es besteht kein Grund zu der Annahme, daß die Magnetisierungsrichtung unstetig umklappt. Die weitere Auswertung der Ergebnisse aus den Suszeptibilitätsmessungen 5 zeigt, daß der Magnetismus dünner Filme weniger stabil gegen thermische Anregungen ist, denn die Curie-Temperatur sinkt mit dünner werdenden Filmen. Für einen 3 ML dicken Film wurde die Curie-Temperatur zu 188 K bestimmt. Die Curie-Temperatur für Volumen-Nickel beträgt 626 K. Für das System Ni/Cu(100) liegt die Curie-Temperatur von weniger als 5 ML dicken Filmen unterhalb Raumtemperatur [37],[38]. Man erkennt, daß die Suszeptibilitätskurven links vom Hauptmaximum noch weitere Intensitätserhöhungen aufweisen. Es könnte sich dabei um sogenannte sekundäre Maxima handeln, die einen Orientierungsübergang der magnetischen Anisotropie indizieren [34]. Die Anisotropiekonstanten sind temperaturabhängige Größen und können in einem bestimmten Punkt ihr Vorzeichen wechseln. Dabei ändert sich die Richtung der spontanen Magnetisierung und damit auch die Symmetrie der magnetischen Struktur. Die auf diese Weise entstehenden Übergange zwischen unterschiedlichen Phasen eines Magnetikums werden als Orientierungsübergänge bezeichnet [33]. Man erkennt an den Suszeptibilitätskurven, daß sich die Lage der Maxima vor Temperaturerhöhung und nach Temperaturerhöhung unterscheiden. Die Temperaturerhöhung der Filme während der Suszeptibilitätsmessung kann einen schwerwiegenden Eingriff in die Beschaffenheit der Filme darstellen. Sie kann zu strukturellen Umordnungen und zu Änderungen in der Morphologie führen. Oft fördert eine Temperaturerhöhung die Diffusion zwischen den Atomlagen. Hierdurch ändert sich die Kopplung zwischen den Filmatomen und damit die Bandstruktur. Dies führt zu einer Änderung der magnetischen Eigenschaften der Filme. Beim System Co/Cu(1 1 17) wird die hohe Stufenzahl, beim System Co/Cu(001) wird eine Interdiffusion von Cu-Atomen nach Anlassen auf 120°C als Grund für die Absenkung der Curie-Temperatur angesehen. Dieser Umstand wurde in dieser Arbeit nicht systematisch untersucht. Die Ergebnisse aus Diffusionsversuchen an den Ni-Filmen lassen jedoch darauf schließen, daß Au-Atome bei Temperaturerhöhung in den Film diffundieren. Bei Volumen-Nickel ist eine Absenkung der Curie-Temperatur durch Zugabe von Gold bekannt.

---

5 Trägt man die Suszeptibilitätskurven normiert und doppeltlogarithmisch auf, dann läßt sich durch Konstruktion einer Anpassungsgeraden in Richtung hoher Temperaturen der kritische Exponent γ für den Phasenübergang bestimmen. Die Steigung dieser Geraden ist gleich γ [31]. Für Ni/Cu(100) liegt der Übergang vom 2-dimensionalen zum 3-dimensionalen Verhalten bei 7 ML [38].

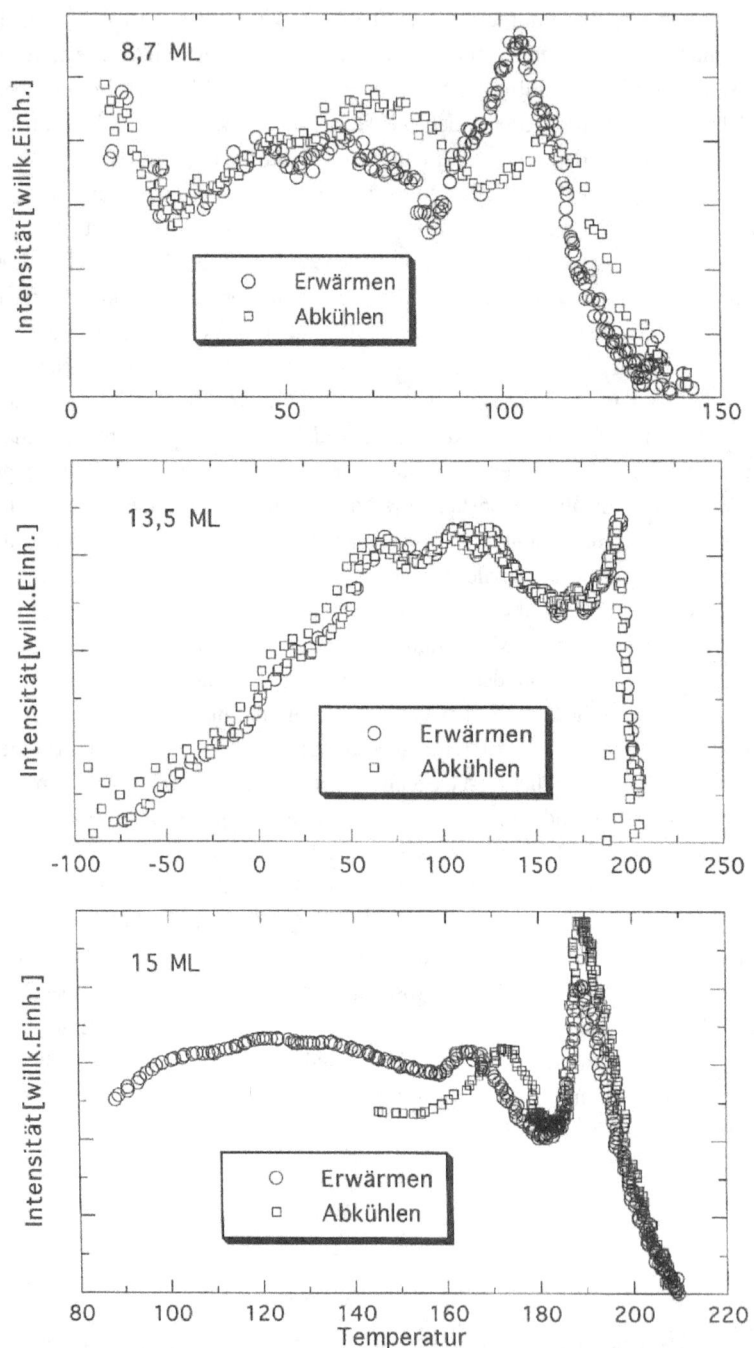

Abbildung 5.3: **Suszeptibilitätssignal eines 8,7 ML, 13,5 ML und 15 ML dicken Films.**

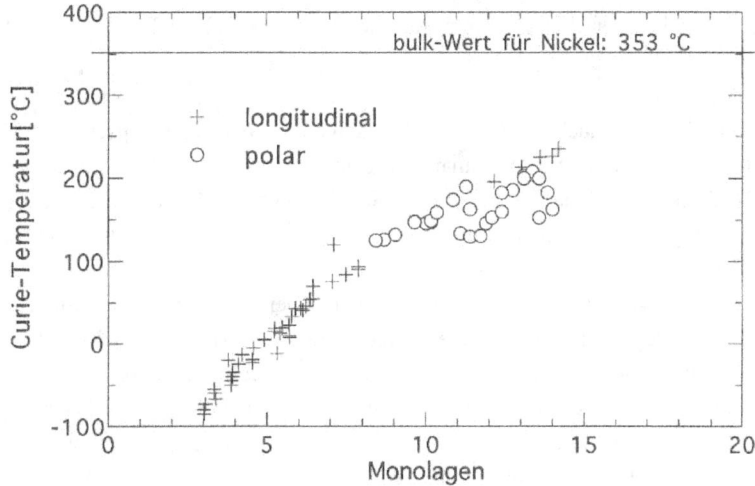

Abbildung 5.4: **Die Curie-Temperatur von Ni/Cu₃Au(100) in Abhängigkeit von der Schichtdicke.**

Bei 61 at% [35] bzw. 73 at% [36] Ni beträgt T_c Raumtemperatur. Das Anisotropieverhalten von Ni/Cu$_3$Au(100) ist in dieser Arbeit berechnet worden. Ausgangspunkt für die Berechnung ist die magnetische Anisotropieenergie G. Berechnungsgrundlagen sind die der Literatur entnehmbaren Anisotropiekonstanten und das Elastizitätsverhalten von Nickel. Die räumliche Orientierung des magnetischen Mmentes wird durch das Minimum der Anisotropieenergie bestimmt. Der Rechengang ist im Anhang beschrieben. Die Ergebnisse werden in diesem Kapitel vorgestellt. In Abbildung 5.5 ist die berechnete kritische Schichtdicke d_{krit} gegenüber dem tatsächlichen Gitterabstand im Film aufgetragen. Dieser Gitterabstand gibt indirekt den Spannungszustand bzw. die Verspannung des Films an. Im Falle pseudomorphen Wachstums ist dieser Gitterabstand mit dem planaren Gitterparameter des Substrats identisch. Es sind 4 Kurven dargestellt. Nach Definition ist der Film im Bereich oberhalb der Kurve senkrecht magnetisiert. 2 Kurven berücksichtigen die Unterschiede der Grenzflächenanisotropie-Konstanten, je nachdem, ob es sich um ein Cu(100)-Substrat (Kurve mit offenem Quadrat) oder um ein Cu$_3$Au(100)-Substrat (Kurve mit Kreuz) handelt Der Unterschied ist dabei nicht durch den Gitterparameter, sondern durch die chemische Zusammensetzung gegeben. Praktisch ist er jedoch vernachlässigbar. Die beiden anderen Kurven berücksichtigen den Volumenanteil der magnetokristallinen Anisotropie, der bei ultradünnen Filmen ebenfalls vernachlässigt wird, da er dort von den anderen Anteilen dominiert wird. Die mit einem Kreuz gekennzeichnete Kurve beschreibt den Verlauf der kritischen Schichtdicke, wenn als Substrat Cu$_3$Au(100) verwendet wird. Der Gitterabstand variiere jedoch. Für einen Gitterabstand im Film von 3,745 A erhält man eine kritische Schichtdicke von etwa 3,3 ML. Der experimentell ermittelte Wert für die kritische Schichtdicke liegt jedoch bei etwa 6 ML. Ein solcher Wert rechtfertigt sich unter der Annahme, daß der Gitterabstand im Film kleiner als 3,745 Å ist.

Aus den strukturellen Untersuchungen ist bekannt, daß Nickel bis zu 5 ML pseudomorph aufwächst. Bei 5,5 ML jedoch ist der planare Gitterabstand bereits auf den Wert 3,65 Å abgefallen. Bei 3,65 Å liest man die kritische Schichtdicke von 6 ML ab. Berücksichtigt man noch den magnetokristallinen Volumenanteil zur Anisotropie (die mit offenem Kreis bezeichnete Kurve), dann wird die kritische Schichtdicke von 6 ML bereits bei 6,8 A erreicht. Da der verspannte Film realiter nicht über einen scharf definierten Gitterparameter verfügt, ist eine genaue Berechnung der kritischen Schichtdicke nicht möglich. Die generelle Leistungsfähigkeit dieser Rechnungen sei aber noch veranschaulicht an dem System Ni/Cu(100). Die Rechnung liefert einen Wert von mindestens 10,6 ML und hochstens 16,8 ML für die kritische Schichtdicke. Die genaue Rechnung würde einen deutlich geringeren Wert als 16,8 ML liefern.

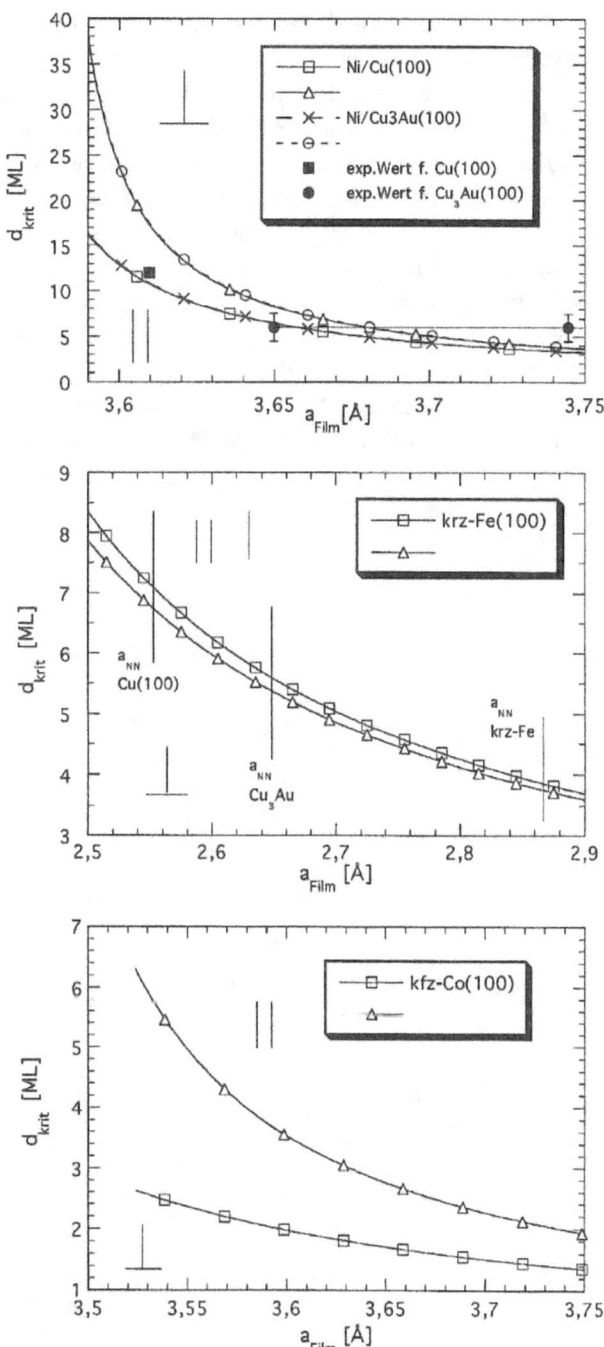

Abbildung 5.5: **Die berechneten kritischen Schichtdicken**.

Der experimentell ermittelte Wert [6] beträgt nach B.P. Tonner/W.L. O'Brien etwa 12 ML [22]. Die Rechnungen zeigen ganz allgemein, daß Nickel, das mit einer einer bestimmten Verspannung wächst, ab einer bestimmten Schichtdicke senkrecht magnetisiert ist. Dies wird experimentell bestätigt. Der Grund für dieses Verhalten liegt in dem Wert der magnetoelastischen Anisotropieenergie. Da es sich um einen Volumenbeitrag handelt, wurde der Film im Falle eines idealen pseudomorphen und verspannten Wachstums bis zu unbegrenzten Dicken senkrecht magnetisiert sein. Die Experimente zeigen jedoch, daß die Magnetisierungsrichtung ab einer gewissen Schichtdicke wieder in die Ebene klappt. Dies wird dadurch erklärt, daß Filme nicht unbegrenzt pseudomorph und verspannt aufwachen. Wenn die Verspannung bei einer bestimmten Schichtdicke durch den Einbau von Versetzungen verringert [7] wird, dann wird auch der magnetoelastische Beitrag zur Anisotropieenergie vermindert. Vielmehr dominiert die Formanisotropie alle anderen Beiträge, auch die magnetokristalline Anisotropie, und führt selbst im Falle des Nickels dazu, daß die Magnetisierung in die Ebene klappt.

---

6 Ni/ Cu(100) ist im Bereich von 12 bis 75 ML senkrecht magnetisiert [22].
7 Der Abbau elastischer Spannungen gelingt nicht vollständig, denn Versetzungen sind auch von einem elastischen Spannungsfeld umgeben [14].

5.2 Struktur

In Kapitel 3 wurde die Bedeutung der elastischen Verspannungen in ultradünnen Filmen für die magnetische Anisotropie erläutert. Ein Bild über die Verspannungen in Filmen gewinnt man vor allem durch Strukturuntersuchungen [1]. Durch die Aufnahme von LEED-I(E)-Kurven und die quantitative, volldynamische Auswertung können die Atomkoordinaten im Idealfall auf 1/100 Å genau bestimmt werden [1, 4]. Die Kenntnis der Atomkoordinaten erlaubt eine direkte Aussage über den Verspannungszustand des Films. Daher wurde am System Ni/Cu$_3$Au das LEED eingesetzt. Zur Bestimmung der Abhängigkeit der Struktur von der Schichtdicke wurden einige Filme in Keilform, d.h. mit einem Gradienten in der Filmdicke, aufgedampft. Der Dickenunterschied betrug bei einzelnen Filmen bis zu 5 Monolagen. Alle hier vorgestellten Filme wurden bei 300 K aufgedampft. Bei Filmen mit bis zu 1,5 Monolagen Dicke ist die c(2x2)-Struktur deutlich zu erkennen. Es ist

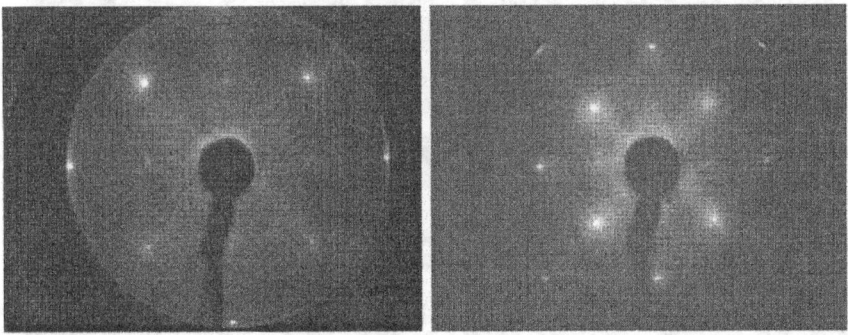

Abbildung 5.6 **1,5 ML Nickelfilm mit c(2x2)-Struktur**. Die Bilder wurden bei 99 eV (links) und 138 eV (rechts) aufgenommen. Die Spots an den Positionen 1/2,1/2 sind noch deutlich auszumachen.

anzunehmen, daß die Überstrukturreflexe vom Substrat stammen und daß das Nickel pseudomorph aufwächst.

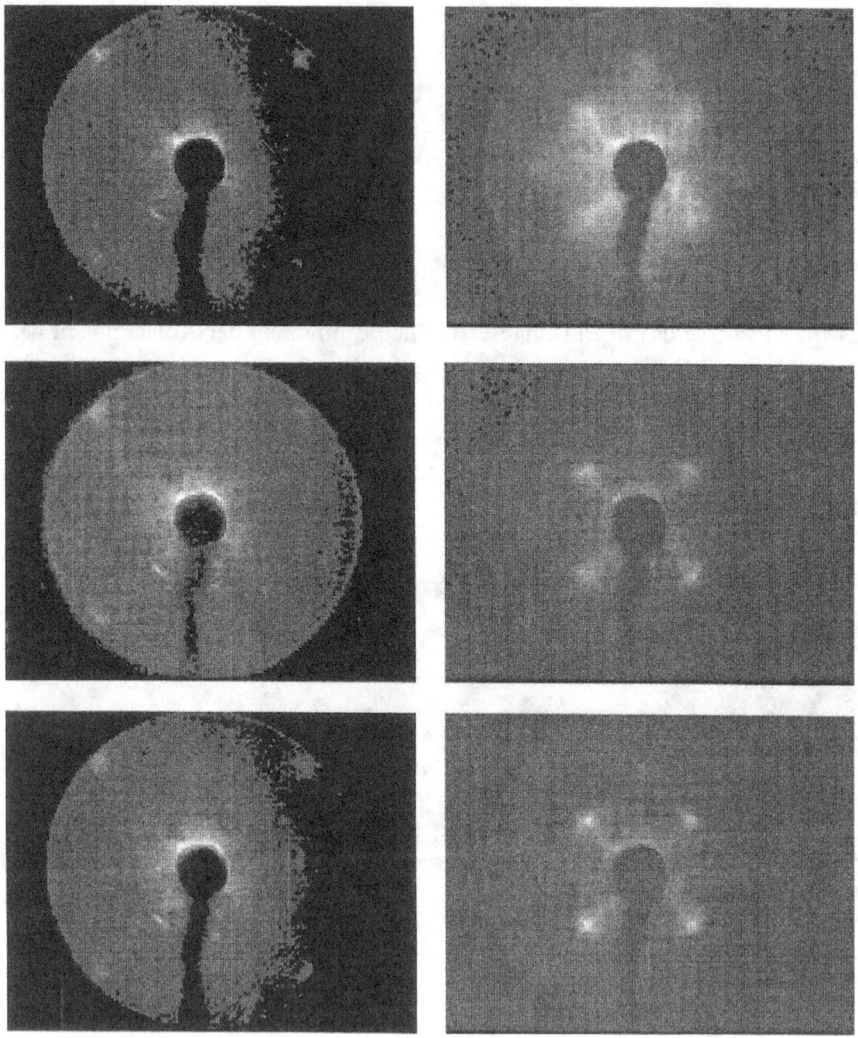

Abbildung 5.7: **Beugungsbilder eines keilformigen Nickelfilmes.** Die Bilder links wurden bei 45 eV Elektronenenergie aufgenommen, die Bilder rechts bei 169 eV; die Filmdicke betrug 5 ML (oben), 7,3 ML (Mitte) und 9 ML (unten). Die rechte Hälfte des LEED-Schirmes war mit Mangan bedampft. Daher sind rechts insgesamt geringere Intensitäten zu verzeichnen.

Bei Filmen um 4 Monolagen sind keine Überstrukturreflexe mehr zu erkennen; sie zeigen eine (1x1)-Struktur. Die Hauptstrukturreflexe ändern weder ihre Position noch ihren Abstand zueinander. Daraus kann man schließen, daß das Nickel in der Ebene mit der Substratgitterkonstanten aufwächst. In diesem Schichtdickenbereich registriert man eine Verlagerung der Intensität der LEED-Reflex in die kfz-[1,1]-Richtung, auf der Ewald-Kugel also zu größeren k hin. Besonders deutlich ist dieser Effekt am (1,0)-Reflex bei niedrigen Energien zu beobachten. Im Schichtdickenbereich zwischen 5 und

8 Monolagen registriert man eine Koexistenz von 2 Reflexen. Im Realraum entspricht dies einer Abnahme des Gitterabstandes in der Ebene. Die Meßergebnisse sind so zu interpretieren, daß das Nickel zunächst mit lateral expandierter Einheitszelle pseudomorph auf dem Substrat aufwächst, und daß die laterale Verzerrung mit zunehmender Schichtdicke abnimmt. Abbildung 5.7 zeigt die Beugungsbilder eines keilförmigen Ni-Films.

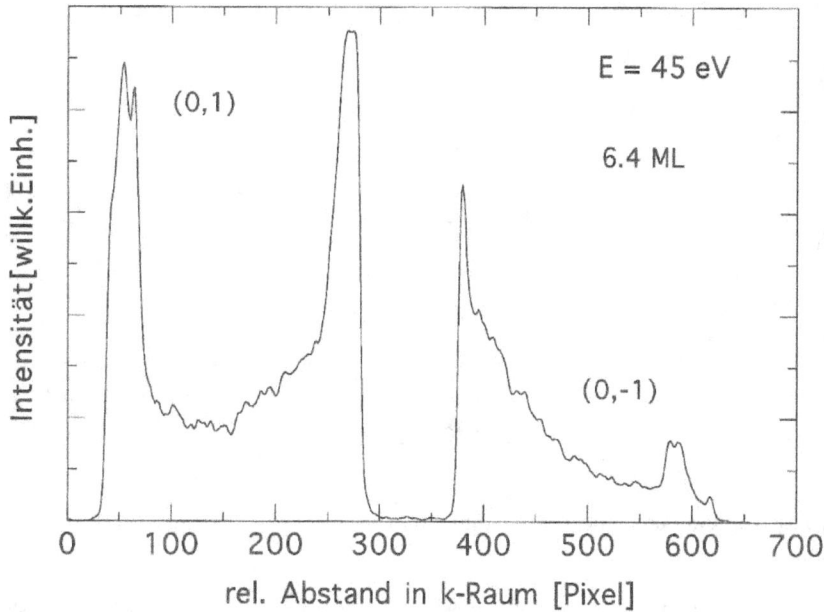

Abbildung 5.8: **Intensitätsprofil eines 6,4 ML dicken Filmes bei 45 eV Elektronenenergie.** Im Bereich 50 bis 60 Pixel erkennt man eine Doppelspitze; die Spitze bei 60 Pixel ist dem originären (1,0)-Reflex mit 3,745 Å als laterale Gitterkonstante zuzuordnen, die Spitze bei 50 Pixel stammt von dem neu hinzutretenden Reflex mit kleinerer lateraler Gitterkonstante. Bei 570 bis 580 Pixel erkennt man ebenfalls eine Doppelspitze. Die Intensitätsspitzen bei 270 und 370 Pixel stammen vom Rand der Elektronenkanone und sind unbeachtlich. Die insgesamt abnehmende Intensität von rechts nach links ist auf die Bedampfung des LEED-Schirmes mit Mangan zurückzuführen.

Wegen der Gültigkeit der Beziehung $k_i \cdot a_j = 2\pi\delta_{ij}$ mit reziprokem Gittervektor k_i und Gittervektor a_j im Realraum, und weil den Abständen der (1,0)-Reflexe bei z.B. 1,5 ML der Gitterabstand des Substrats zuzuordnen ist, kann man durch Ausmessen des Abstandes zwischen dem (1,0)-Reflex und dem neu hinzutretenden Reflex die entsprechende Gitterkonstante bestimmen. Mit der Substratgitterkonstanten a_1 = 3,745 Å, dem an einer Profilaufnahme wie in Abb. 5.7 gemessenen Abstand k_1 der originären (1,0)-Reflexe und dem ebenso ermittelten Abstand k_2 der hinzutretenden Spots erhält man den Gitterabstand der anderen Phase zu $a_2 = a_1 \cdot k_1/k_2$. Mit aida-pc wurden Intensitätsprofile zwischen gegenüberlie-genden (1,0)-Reflexen aufgenommen und ausgemessen.

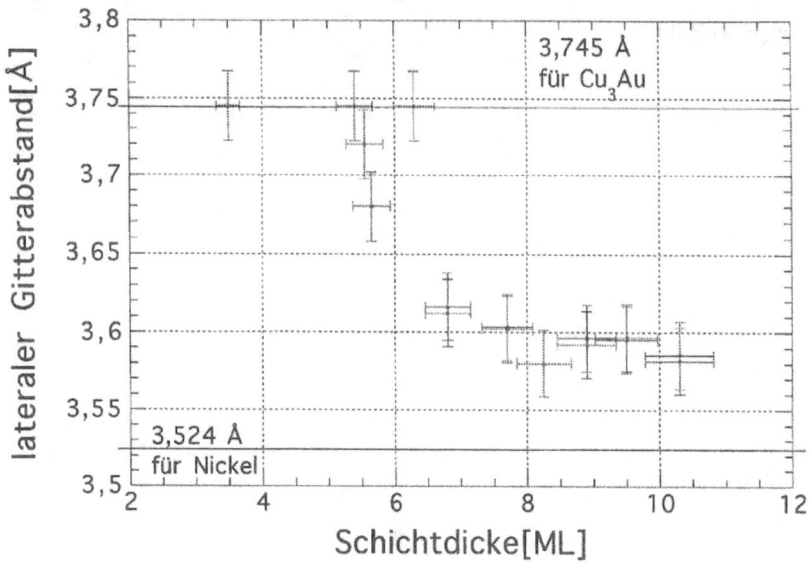

Abbildung 5.9: **Änderung des lateralen Gitterabstandes**.

Ein solches Profil ist in Abb. 5.8 dargestellt. Es wurde an einem Film von 6,4 ML Dicke bei einer Elektronenenergie von 45 eV aufgenommen. Im Bereich 50 bis 60 Pixel erkennt man eine Doppelspitze; die Spitze bei 60 Pixel ist dem originären (1,0)-Reflex mit 3,745 Å als laterale Gitterkonstante zuzuordnen; die Spitze bei 50 Pixel stammt von dem neu hinzutretenden Reflex mit kleinerer lateraler Gitterkonstante. Bei 570 bis 580 Pixel erkennt man ebenfalls eine Doppelspitze. Es wurde eine Vielzahl solcher Profile bei verschieden dicken Filmen aufgenommen. Die auf diese Weise erzielten Werte für den lateralen Gitterabstand der Filme sind in der Abbildung 5.8 über der Schichtdicke aufgetragen. Nickelfilme auf $Cu_3Au(100)$ besitzen demnach bis zu einer Dicke von 5,5 Monolagen den lateralen Gitterabstand des Substrats. Bei 8 ML Filmdicke beträgt er nur noch 3,6 Å. Der Abfall der lateralen Gitterkonstante ist drastisch; in dem Bereich zwischen 5,5 und 8 ML werden 65% der Gitterfehlpassung abgebaut (vgl. [13]). Um einen vorläufigen Überblick über den Umfang der Variation des Interlagenabstandes der Filme zu gewinnen, wurden die LEED-I(E)-Kurven der (0,0)-Reflexes verschieden dicker Filme aufgenommen (Abb. 5.10). Die Intensität des (0,0)-Reflexes reagiert besonders empfindlich auf eine Änderung des Interlagenabstandes. In kinematischer Näherung treten Intensitätsmaxima bei denjenigen Energien E auf, für die folgende Relation erfüllt ist:

$$2 \cdot d_z \cdot \sin \Theta = n \cdot \sqrt{\frac{150.4}{E - \phi_0}} \quad (5.1)$$

Dabei ist d_z der Netzebenenabstand senkrecht zur Filmoberfläche, θ der Einfallswinkel des Elektronenstrahls gegenüber der Oberflächennormale, Φ_0 ist das innere Potential, und n ist die Beugungsordnung der (0,0)-Reflexe. Der konstante Wert im Wurzelterm folgt aus der DeBroglie-Beziehung für Elektronen. Isoliert man E, so erhält man folgende Geradengleichung:

$$E = n^2 \cdot \frac{150.4}{4 \cdot d_z^2 \cdot \sin^2 \Theta} + \phi_0 \quad (5.2)$$

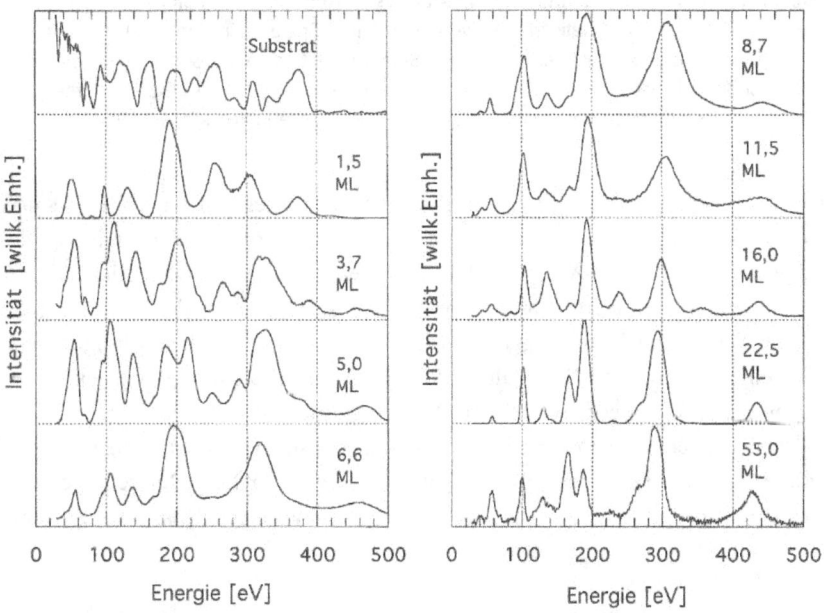

Abbildung 5.10: Sequenz von I(E)-Kurven des (0,0)-Reflexes verschieden dicker Filme. Die Lage der Peaks gleicher Ordnung verändert sich mit Änderung der Schichtdicke. Man orientiere sich an den vertikalen Hilfslinien und betrachte zum Beispiel den Peak der Ordnung $n = 5$ für den 3,5 ML dicken Film bei etwa 320 eV. Mit zunehmender Schichtdicke verändert er seine Lage zu kleineren Energien hin; bei 55 ML ist er bei etwa 285 eV zu finden.

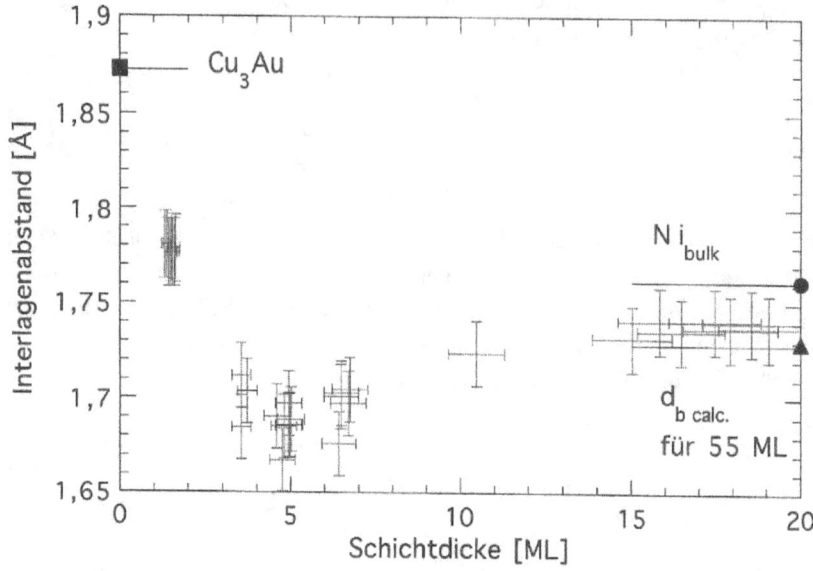

Abbildung 5.11: **Änderung des Interlagenabstandes in Abhängigkeit von der Schichtdicke.** Die Werte wurden durch kinematische Auswertung der I(E)-Spektren in Abb. 5.10 ermittelt. Bei Filmen mit Dicken unter 3 ML ist der Einfluß des Substrats mit seiner großen Gitterkonstanten zu berücksichtigen. Das gefüllte Quadrat (bzw. Kreis) markiert d_b für Cu_3Au (bzw. Volumen-Nickel), das Dreieck markiert den aus der I(E)-Analyse ermittelten Interlagenabstand.

In der Praxis trägt man die Lage des Peaks auf der Energieskala der I(E)-Kurve gegen das Quadrat der Ordnungszahl auf und errechnet aus der Steigung den Interlagenabstand d_z. Der Abschnitt für $n^2=0$ liefert das innere Potential. Die auf diese Weise erzielten Werte für den Interlagenabstand sind in der Abbildung 5.9 gegenüber der Schichtdicke aufgetragen. Es wird ausdrücklich darauf hingewiesen, daß dies eine kinematische Behandlung des Problems ist. Sie ersetzt auf keinen Fall volldynamische I(E)-Rechnungen [9]. Man registriert im Bereich von 0 bis 5 Monolagen einen starken Abfall des Interlagenabstandes. Bei Filmen von 0,5 Monolagen Dicke erzielt man einen Wert für d_z von 1.80 Å. Bei sehr geringen Bedeckungen spiegelt der Peak im wesentlichen den Interlagenabstand des Substrats (1.873 Å) wieder.

Nickel auf Cu_3Au (100) hat erwartungsgemäß einen gegenüber seinem Volumenwert reduzierten Interlagenabstand. Die Elastizitätstheorie sagt einen Wert von 1.64 Å für den Interlagenabstand voraus (Epitaktische Linie). Der niedrigste experimentelle Wert hierfür beträgt innerhalb der Fehlergrenzen etwas weniger als 1.66 Å. Er wurde bei einem Film von 4 Monolagen Dicke gemessen. Im Bereich 4 bis 5 ML nimmt der Interlagenabstand der Nickelfilme zu. Bei Filmen von 20 ML wird bereits der Volumenwert für Nickel von 1.76 Å gemessen. Die Richtigkeit dieses Wert ist jedoch anzuzweifeln, da er in kinematischer Näherung ermittelt wurde. Bei den Filmen mit Dicken zwischen 5 und 15 ML erkennt man eine Verbreiterung der Peaks. Besonders deutlich wird dies beim Peak 5. Ordnung zwischen 285 und 320 eV. Das bedeutet,

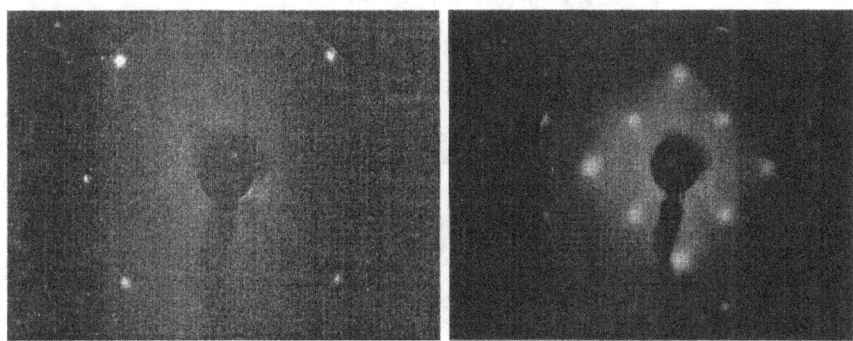

Abbildung 5.12: LEED-Aufnahmen des 55 ML dicken Filmes bei 45 eV und bei 192 eV. Zu erkennen ist die (1x1)-Struktur mit relativ scharfen Reflexen.

daß die Struktur in diesem Schichtdickenbereich weniger scharf definiert ist - ein weiteres Indiz für die strukturelle Umordnung des Films. Das deckt sich mit den Ergebnissen bei der Ermittlung des lateralen Gitterabstandes. Zu dickeren Filmen hin sinkt die Halbwertsbreite der Peaks wiederum, - dies belegt die Erwartung, daß sich der Film der Volumenphase von Nickel annähert (siehe die Beugungsbilder in Abb. 5.12). Eine genaue Ermittlung der Strukturdaten wird jedoch erst durch die quantitative Analyse von I(E)-Kurven möglich.

Ein Film von 55 ML Dicke wurde eingehender untersucht. Zu den experimentellen I(E)-Kurven wurden volldynamische Rechnungen durchgeführt, wobei die beiden obersten Interlagenabstände, d_{12} und d_{23}, und die Debye-Temperatur variiert wurden. Die Ergebnisse zeigen, daß es sich um tetragonal verzerrtes, flächenzentriertes Nickel handelt und daß der Interlagenabstand im Volumen des Films (d_{bulk}) einen Wert von 1,73 Å hat. Der intrinsische Interlagenabstand von Nickel beträgt 1,762 Å. Der erste Interlagenabstand d_{12} ist relaxiert und beträgt 1,84 Å, der zweite Interlagenabstand d_{23} beträgt 1,74 Å. Für die laterale Gitterkonstante erhält man 1,78 Å. Für die Debye-Temperatur wurde 450 K, für das innere Potential wurde $V_0 = -11 eV$, und für den Imaginärteil des Potentials wurde $V_i = 0,72$ gefunden.

Die Variation der Debye-Temperatur ging von 250 K bis 450 K, die Variation von d_1 bzw. d_2 verlief von 1,71 Å bis 1,75 Å bzw. 1,78 Å bis 1,85 Å. Es wurden 150 Modelle berechnet und mit den experimentellen I(E)-Kurven verglichen. Die Güte der Übereinstimmung des besten Modells mit den experimentellen Daten wird belegt durch die R-Faktoren.

5 ML kfz-Ni(100)/Cu$_3$Au(100)				
-	-	$d_{b(epit.)}$ [Å]	$a_\parallel$ [Å]	$V_{at.}$ [Å^3]
-	-	1,8725	1,64	11,501
55 ML kfz-Ni(100)/Cu$_3$Au(100)				
d_{12} [Å]	d_{23} [Å]	$d_{b(55\,ML)}$ [Å]	$a_\parallel$ [Å]	$V_{at.}$ [Å3]
1,84	1,74	1,73	1,78	10,963
Volumenwerte für kfz-Ni				
-	-	d_{bulk} [Å]	$a_\parallel$ [Å]	$V_{at.}$ [Å3]
-	-	1,762	1,762	10,939

Tabelle 5.1: **Strukturdaten für kfz-Nickel**. Angegeben sind die Interlagenabstände, die lateralen Gitterkonstanten und das atomare Volumen von Ni-Filmen von 5 ML und 55 ML Dicke sowie von Volumen-Nickel. Für den 55 ML Film sind zusätzlich der 1. und 2. Interlagenabstand angegeben. Die Werte für den 5 ML dicken Film fußen auf der epitaktischen Linie. Die Werte zu dem 55 ML dicken Film stammen aus den volldynamischen I(E)-Berechnungen. Die Volumenwerte entsprechen den Literaturwerten.

R-Faktoren		
R_p	R_{nE}	R_{md}
0,231	0,269	0,070

Tabelle 5.2: **Die R-Faktoren zu den volldynamischen Berechnungen des 55 ML Ni-Films**. Diese R-Faktoren beziehen sich auf alle 10 Reflexe. Für einzelne Reflexe wurden sogar noch niedrigere R-Faktoren erzielt.

Berücksichtigt wurden dabei alle 10 unter Abb. 5.13 gezeigten Beugungsreflexe. Für den R-Faktor nach Pendry erhält man 0,231, für den R_{de}-Faktor 0,269 und für den R_{md}-Faktor den Wert 0,070. Die experimentell ermittelten I(E)-Kurven und die berechneten Kurven sind unter Abb 5.13 dargestellt. Den bisherigen Ergebnissen zufolge wächst Nickel auf Cu$_3$Au(100) die ersten 4 Monolagen pseudomorph mit einer tetragonalen flächenzentrierten Struktur auf. Zwischen fünf und sechs Monolagen vollzieht sich eine strukturelle Umordnung des Films. Der laterale Gitterabstand nimmt ab, und der Interlagenabstand nimmt zu. Hierdurch gelingt im Film der Abbau elastischer Spannungen, die beim pseudomorphen Wachstum aufgebaut wurden. Zu betonen ist, daß der 55 ML dicke Film noch nicht vollständig entspannt ist.

Die Frage, ob das Ni nicht auch in einer raumzentrierten und lateral kontrahierten Struktur aufwachsen könnte, ist zu verneinen, weil der laterale Gitterabstand mit zunehmender Schichtdicke abnimmt und durch das experimentell bestimmte c/a-Verhältnis eine flächenzentrierte Struktur favorisiert wird. Die Struktur der Nickelfilme ändert sich während des Wachstums aber auch noch derart, daß um den (1,0)-Reflex noch 2 Satellitenreflexe in kfz-[1,0]-

Richtung auftreten. Die Intensitätsverdichtungen in kfz-[1,0]-Richtung beginnen auf der Höhe um den originären (1,0)-Reflex, nachdem die äußeren Spots bereits zu erkennen sind.

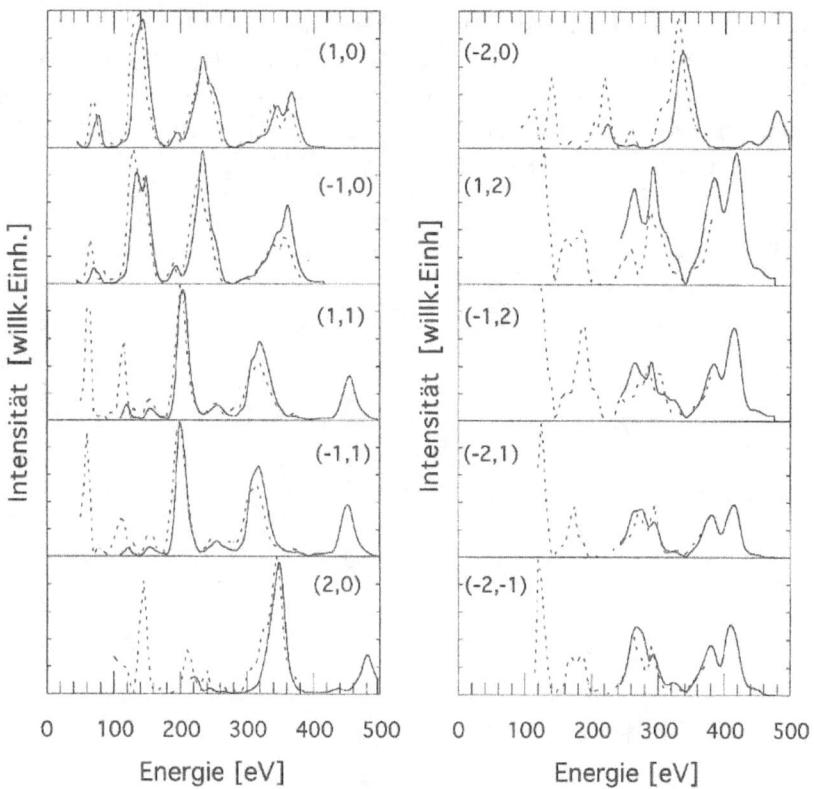

Abbildung 5.13: **I(E)-Kurven eines 55 ML dicken Ni-Films**. Die durchgezogenen Linien stellen die experimentellen I(E)-Kurven dar, die gestrichelten Linien stellen die volldynamisch berechneten Kurven dar. Man erkennt, daß die beiden Kurven jeweils um einen Betrag auf der Energieskala gegeneinander verschoben sind. Diese Phasenverschiebung ist bei der Berechnung der R-Faktoren noch nicht berücksichtigt. Sie würde aber zu kleineren und damit besseren R-Faktoren führen.

Auch sie wandern zu größeren k hin, also auf dem LEED-Schirm nach außen. Bei unterschiedlichen Energien ändern diese zusätzlichen Reflexe nicht ihre Lage gegenüber den Hauptreflexen. Eine Mosaikstruktur ist daher ausgeschlossen [7]. Dem Abstand zwischen Satellitenreflex und (1,0)-Reflex im k-Raum entspricht eine Länge im Realraum. Das Verhältnis zwischen diesem Abstand und der Entfernung des (1,0)-Reflexes zum (0,0)-Reflex beträgt zwischen 1:28 und 1:32.

Es ist daher denkbar, daß sich auf dem Film längliche Domänen bilden, deren Ausdehnung entlang einer Seite 28 bis 32 Atome entspricht. Diese Abstände wurden ebenfalls durch Profilmessungen mit aida-pc ermittelt. Die Abbildung zeigt die Intensitätsprofile der drei kollinear angeordneten Reflexe (-1,1), (0,1) und (1,1), die an einem keilförmigen Film aufgenommen wurden. Bei 6,4 Monolagen Schichtdicke ist noch keine seitliche Aufspaltung des (1,0)-Reflexes zu erkennen. Man sieht jedoch bereits Schultern, die eine seitliche Umverteilung der Intensität andeuten. Bei 7,8 Monolagen ist der (1,0)-Reflex deutlich aufgespalten. Es wird darauf hingewiesen, daß sich in diesem Schichtdickenbereich der Abstand des Intensitätsschwerpunktes gegenüber dem (0,0)-Reflex natürlich auch verändert (siehe Abb. 5.7).

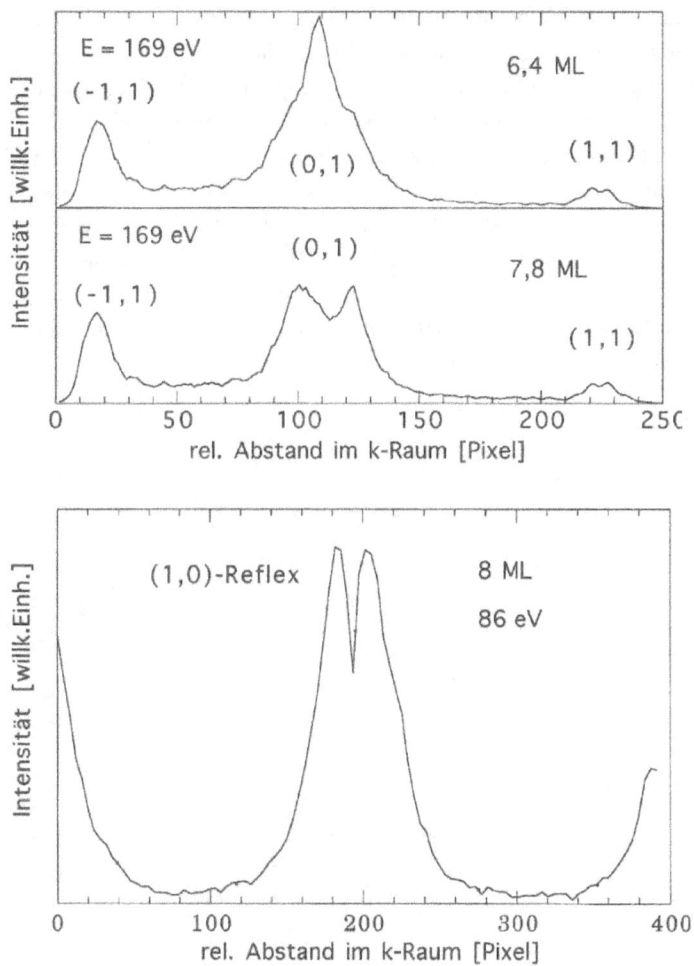

Abbildung 5.14: **Intensitätsprofile/Aufspaltung des (1,0)-Reflexes**. Oben: 2 Intensitätsprofile, die an Stellen verschiedener Dicke (6,4 ML und 7,8 ML) einer keilförmigen Probe aufgenommen wurden. Zwischen 6,4 und 7,8 ML spaltet der (0,1)-Reflex in [1,0]-Richtung auf. Unten: Intensitätsprofil des (1,0)-Reflexes an einer Probe homogener Dicke (8 ML).

5.3 Wachstum und Morphologie

Die Kenntnis des Wachstumsverhaltens und der Morphologie stellt eine wichtige Voraussetzung für die Beurteilung der magnetischen Eigenschaften ultradünner Filme dar. Die Anwesenheit von Gold oder Kupfer im Nickelfilm oder auf der Filmoberfläche kann die Curietemperatur und die magnetische Anisotropie beeinflussen. Auch Stufen können die magnetische Anisotropie beeinflussen [40]. Zur Charakterisierung des Wachstumsverhaltens von Nickel wurden MEED-Kurven aufgenommen. Lagenweises Wachstum ultradünner Filme manifestiert sich im Auftreten charakteristischer Oszillationen bei MEED- und RHEED-Kurven[4],[5]. Die Oszillationsperiode ist die Zeit, die zur Komplettierung einer atomaren Monolage erforderlich ist [6]. In dieser Arbeit wurde eine Reihe solcher Wachstumskurven aufgenommen. Siehe dazu die Abb. 5.15, 5.16 und 5.17. Werden Filme bei einer Substrattemperatur von 300 K aufgedampft, findet man das folgende charakteristische Wachstumsverhalten von Ni auf Cu3Au (100): Intensitätsmaxima sind bei 2, 3, 4 und 5 ML zu beobachten. Die Höhe der Maxima nimmt sukzessive mit zunehmender Schichtdicke ab. Die geringste Intensität wird bei 6 ML beobachtet. Im Bereich 7, 8, 9 und 10 ML sind ebenfalls Maxima zu beobachten, die jedoch weniger stark ausgeprägt sind.

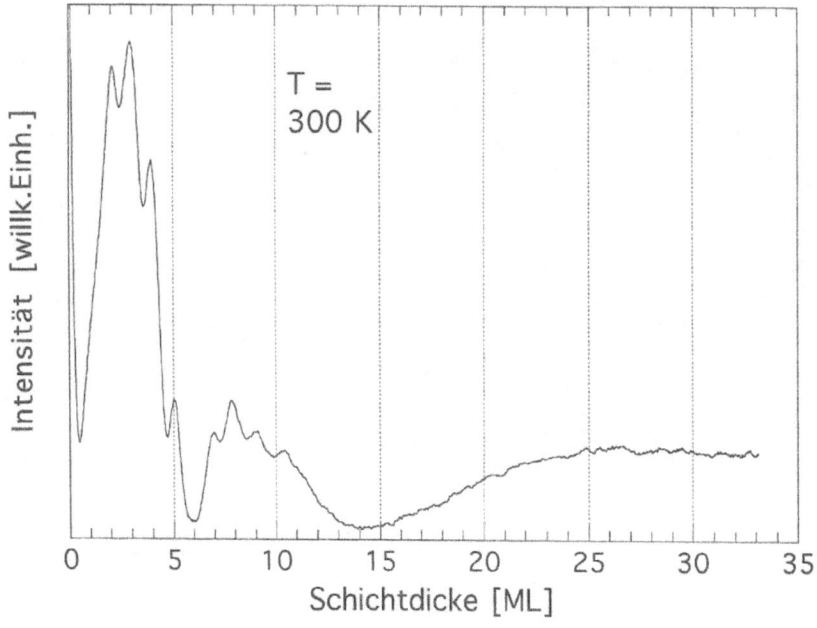

Abbildung 5.15: Wachstumskurve (MEED) eines bei 300 K aufgedampften Films.
Aufgezeichnet wurde der (0,0)-Reflex. Die Aufdampfrate für diesen Film betrug 2,4 ML/Minute. Die Minima bei 1, 6 und 14 ML legen eine Einteilung des Wachstums- verhaltens in 4 Stadien nahe.

Auffällige Minima hat man bei 1, 6 und 14 ML. Die Oszillationsbereiche der Kurven liegen zwischen 2 und 5 sowie zwischen 6 und 10 ML. In diesem Bereich geschieht das Wachstum lagenweise. Zu Beginn des Wachstums fällt die Intensität des MEED-Signals steil ab. Das könnte ein Zeichen für eine zunehmende Stufendichte bzw. Rauhigkeit sein und auf dreidimensionales Wachstum hindeuten.

Dies bedeutet, daß das Nickel das Substrat nicht vollständig benetzt. Stattdessen bilden sich dreidimensionale Inseln aus. Aufgrund der hohen freien Oberflächenenergie von Nickel (2.08 J/m^2) gegenüber der von Cu und Au (1,57 bzw. 1,33 J/m^2) ist dies aber auch nicht zu erwarten [75].

Diese Vermutung wird gestützt durch die Tatsache, daß bei Filmen um 1,5 ML energieabhängige Reflexverbreiterungen festgestellt werden (siehe Abb. 5.6 im Abschnitt Struktur). Dies ist ein Hinweis auf die Anwesenheit von Stufen auf der Oberfläche [7]. Abhängig von der Energie der einfallenden Elektronen waren Reflexe maximaler und minimaler Ausdehnung erkennbar. Die Reflexverbreiterung resultiert aus der destruktiven Interferenz der Elektronen an unterschiedlichen Niveaus. Bei konstruktiver Interferenz ist die Halbwertsbreite minimal, bei destruktiver Interferenz ist die Halbwertsbreite maximal [7, 8, 10]. Das erste Intensitätsmaximum wird bei 2 ML erreicht. Hier wird das Substrat also erstmals vollständig bedeckt. Die weiteren Maxima ent- sprechen der 3., 4. und 5. Monolage. Dabei ist eine Abnahme der Höhe der Maxima zwischen 2. und 6. ML zu verzeichnen. Bei der 6. ML scheint das lagenweise Wachstum auszusetzen. Dies ist aber nicht der Fall. In Abb. 5.16 und 5.17 ist noch ein sehr schwaches Maximum bei 6 ML zu erkennen. Zudem wurde an einer keilförmigen Probe mit einer Dicke von 4,5 bis 7 ML beobachtet, daß der (0,0)-Reflex des LEED-Bildes Verbreiterungen zeigte, die abhängig von der Schichtdicke waren. Scharfe Reflexe bzw. Reflexe mit minimaler Halbwertsbreite wurden bei bei 5, 6 und 7 ML festgestellt. Auf den Stellen des Keils, wo die Schichtdicke 4,5 - 5,5 und 6,5 ML betrug, waren die Reflexe diffus bzw. von maximaler Halbwertsbreite.

Aus den Strukturuntersuchungen ist bekannt, daß das Nickel bis zu 5 ML tetragonal verzerrt mit 3,745 Å lateraler Gitterkonstante aufwächst. Ab 5,5 ML erfolgt eine drastische Abnahme des lateralen Gitterabstandes und eine Zunahme des Interlagenabstandes. Es ist denkbar, daß der Interlagenabstand im strukturellen Umordnungsbereich nicht scharf definiert ist. Die Voraussetzungen für konstruktive Interferenz bei MEED würden damit wegfallen und für einen Intensitätsabfall sorgen. Dieser Befund muß bei der Interpretation von MEED-Kurve berücksichtigt werden, vgl. Ref. [76]. Ab der 6. Monolage steigt die Intensität des MEED-Signals wieder an. Man erkennt die Buckelform der Kurve im Bereich von etwa 5,5 bis 11 Monolagen. Ihr sind bis zu 4 schwache Oszillationen überlagert. Bei etwa 10 Monolagen erfolgt wieder ein Intensitätseinbruch, und nach etwa 15 Monolagen ist die MEED- Intensität konstant. Aus den Strukturuntersuchungen ist ebenfalls bekannt, daß die Filme ab etwa 15 ML wieder schärfere LEED-Reflexe zeigen. Dies spricht dafür, daß die strukturelle Umordnung der Filme (Abbau der elastischen Spannungen) im wesentlichen abgeschlossen ist. Die Buckelform der MEED-Kurve zwischen 5,5 und 11 ML konnte ebenfalls auf die strukturellen Umordnungen zurückgeführt werden. Das Wachstum ultradünner Filme wird wesentlich bestimmt von der

Diffusion auf der Filmoberfläche und durch die Diffusion über Stufenkanten. Die Energiebarrieren für die Diffusion auf der Oberfläche und die Diffusion über Stufenkanten bei verspanntem und unverspanntem Ni(100) wurden nach einem Programm von Per Stoltze berechnet [8] [79]. Berechnet wurden die unverspannte (100)-Fläche von Nickel sowie die um 4,5% expandierte (100)-Fläche des Nickels. Nach den Ergebnissen der strukturellen Untersuchungen liegt eine um 4,5% expandierte (100)-Fläche bei 5,5 ML vor. Die Diffusionsbarrieren der verspannten Phase sind leicht höher als die des unverspannten Nickels. Dies ist auch zu erwarten, da das lateral expandierte Gitter den Adatomen eine offenere Fläche mit tieferen Potentialmulden bietet. Damit ist die Beweglichkeit von Adatomen auf dem verspannten Gitter gegenüber den Adatomen auf dem unverspannten Gitter leicht eingeschränkt.

Diffusionsbarrieren auf der Ni(100)-Fläche		
	unverspannt	verspannt
laterale Gitterkonstante	3,52 Å	3,68 Å
Oberflächendiffusion	0,53 eV	0,56 eV
Diffusion über Stufen	0,79 eV	0,80 eV

Tabelle 5.3: **Berechnete Diffusionsbarrieren der verspannten und unverspannten Ni(100)-Fläche**. Die Diffusionsbarrieren der verspannten Phase sind leicht höher als die der Volumen-Phase.

Mit zunehmender Schichtdicke nimmt die Verspannung des Films ab, und die Beweglichkeit der Atome sowohl hinsichtlich der Oberflächendiffusion als auch hinsichtlich der Diffusion über Stufenkanten zu. Der Einfluß der Probentemperatur auf das Wachstum wurde untersucht. Eine Reduzierung der Substrattemperatur setzt die Beweglichkeit von Adatomen in der Ebene herab und begünstigt die Ausbildung vieler kleiner Inseln oder Inseln mit fraktalem Rand und könnte damit ein lagenweises Wachstum fördern [74],[77]. Dies wird z.B. an dem homoepitaktischen System Pt/Pt(111) beobachtet [78]. Zur Überprüfung der Abhängigkeit des Wachstumsverhaltens von der Substrattemperatur wurden MEED-Kurven bei 100 K, 200 K und 300 K aufgenommen, siehe Abb 5.17. Man erkennt, daß die Ausbildung von Intensitätsoszillationen durch Absenken der Probentemperatur unterdrückt wird. Bei dem Film, der bei 200 K aufgedampft wurde, sind noch schwache Ansätze von Intensitätsmaxima zwischen 2 und 5,5 ML zu erkennen. Die MEED-Kurve des Films, der bei 100 K deponiert wurde, zeigt keine Oszillationen mehr. Alle Filme jedoch haben gemeinsam, daß ihre MEED-Kurven bei derr 1. und 5. ML ein Intensitätsminimum aufweisen. Im Zwischenbereich ist ein ausgeprägtes Maximum, wenn man von den überlagerten, durch lagenweises Wachstum

---

[8] Die Rechnungen wurden von Dr. James B. Hannon, z.Zt. IGV, Forschungszentrum Jülich, durchgeführt.

hervorgerufenen Maxima bei 200 K und 300 K absieht. Ab 5 ML bzw. 5,5 ML nimmt die Intensität bei allen Kurven buckelförmig zu.

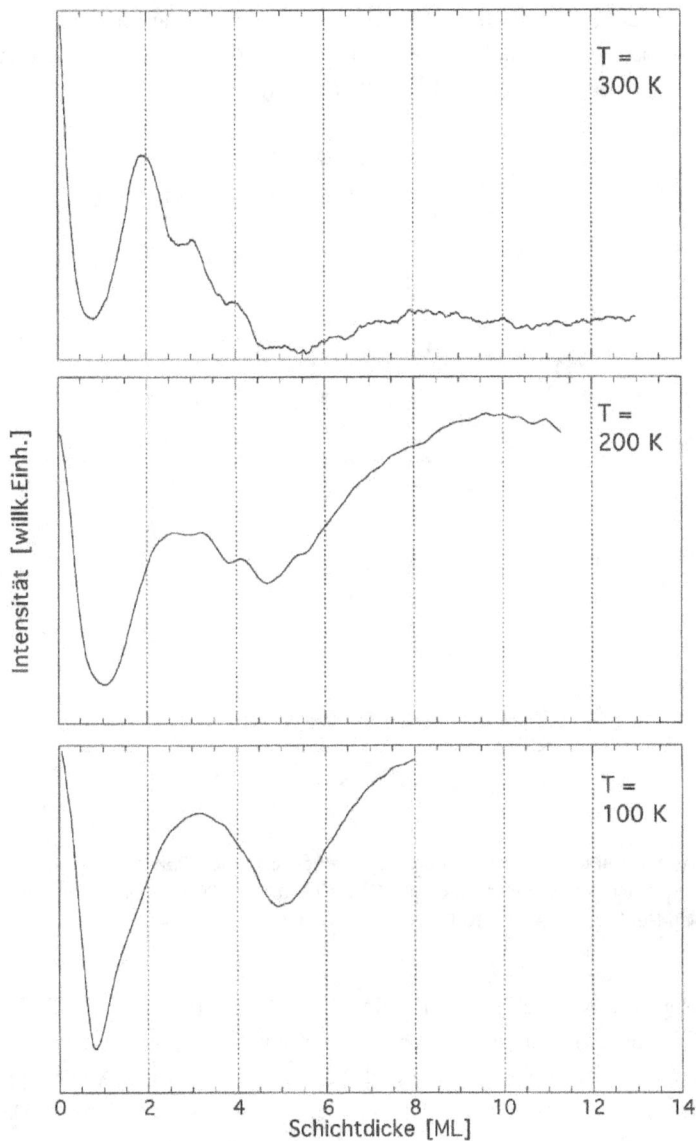

Abbildung 5.17: **Wachstumsverhalten in Abhängigkeit von der Substrattemperatur.**
Dargestellt ist jeweils die Intensität des (0,0)-Reflexes in Abhängigkeit von der Schichtdicke. Die Aufdampfrate betrug bei allen Filmen 0,85 ML/Minute. Die Tendenz zur Ausbildung von Intensitätsoszillationen nimmt zu niedrigeren Substrattemperaturen hin ab.

Damit ist bewiesen, daß die Intensitätsminima bei 2 und 5,5 ML auf Strukturänderungen zurückzuführen sind. In einem Variationsbereich von 0,3 bis 2,4 ML/Minute für die Aufdampfrate konnten keine Unterschiede im Wachstumsverhalten gefunden werden [74],[77]. Aus dem Wachstumsverhalten kann gefolgert werden, daß die bei 300 K aufgedampften Filme im Bereich von 2 bis etwa 10 ML lagenweise aufwachsen. Daher sollte die Stufendichte auf dem Film klein und der damit verbundene Einfluß auf die ma-

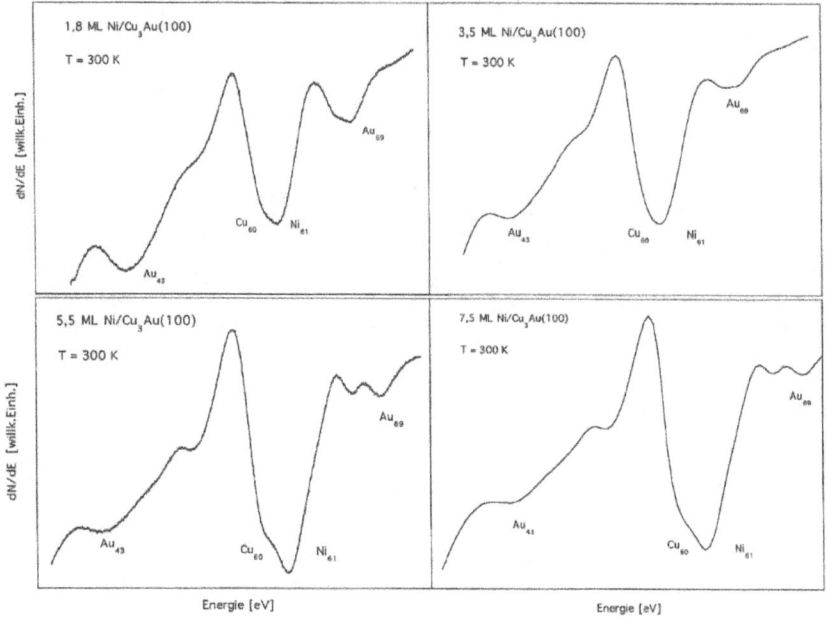

Abbildung 5.18: **Augerspektren im Bereich der niederenergetischen Peaks von Cu, Ni und Au**. Mit zunehmender Schichtdicke werden die Au-Peaks bei 43 und 69 eV kleiner, während sich neben dem Cu-Peak bei 60 eV der Ni-Peak bei 61 eV deutlich ausbildet.

gnetische Anisotropie vernachlässigbar sein. Um das Diffusionsverhalten des Systems Ni/Cu$_3$Au(100) zu untersuchen, wurden die niederenergetischen Augerpeaks von Ni (61 eV), Cu (60 eV) und Au (43 eV, 69 eV) in Abhängigkeit von der Schichtdicke gemessen. Die Filme wurden bei 300 K aufgedampft. Dann wurden die Augerspektren aufgenommen. Danach wurden die Filme stufenweise auf Temperaturen bis zu 473 K angelassen. Die jeweilige Temperatur wurde 20 Minuten lang gehalten. Nach jedem Anlassen wurde ein Augerspektrum für die entsprechende Anlaßtemperatur aufgenommen. In der Abbildung 5.18 sind Augerkurven des Energiebereichs 43 eV bis 69 eV für Schichtdicken von 1,8 ML bis 7,5 ML dargestellt. Bei 1,8 ML sieht man noch einen deutlichen Peak bei 43 eV und 69 eV. Zu dickeren Filmen hin verzeichnet man nur noch Plateaus bei 43 eV, während der 69 eV-Peak noch zu erkennen ist. Bei Filmen mit Dicken von bis zu 12 ML (Auger-Kurven dieses Dickenbereichs sind hier nicht abgebildet) erkennt man bei 69 eV noch eine Schulter. Mit zunehmender Schichtdicke ist auch der Ni-Peak bei 61 eV zu erkennen, der sich neben den Cu-Peak bei 60 eV schiebt. Wegen ihrer engen Nachbarschaft sind der Ni-Peak und der Cu-Peak nur qualitativ auflösbar. Eine quantitative Analyse der Zusammensetzung des Films im Hinblick auf Au- und Cu-Anteile war nicht möglich.

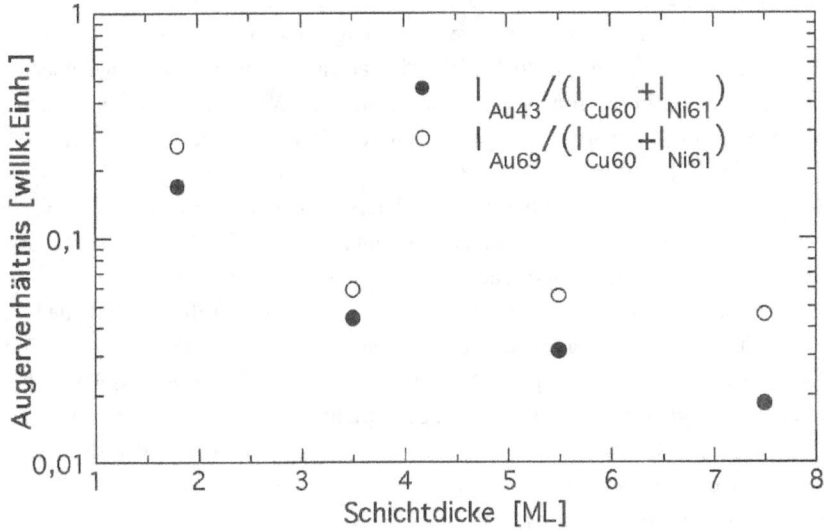

Abbildung 5.19: **Änderung der Augerverhältnisse mit zunehmender Schichtdicke.** Die Augerkurven in Abb 5.18 wurden ausgewertet, indem die Verhältnisse der Peakhöhen von I_{Au43} und I_{Au69} zu $(I_{Cu}+I_{Ni})$ gebildet wurden. Die Auftragung erfolgt halblogarithmisch über der Schichtdicke. Der Abfall des Verhältnisses im Bereich 1,8 ML bis 3,5 ML ist stärker als im Bereich 3,5 ML bis 7,5 ML.

Um jedoch einen qualitativen Eindruck von Gold im Film zu bekommen, wurde das Verhältnis aus der Höhe des Peaks um 60 eV bzw. 61 eV und den Peaks zu 43 eV und 69 eV gebildet. Die so erzielten Augerverhältnisse sind in Abbildung 5.19 halblogarithmisch über der Schichtdicke aufgetragen. Zwischen 1,8 und 3,5 ML fällt das Augerverhältnis stärker ab, als im Bereich 3,5 bis 7,5 ML. Dies deutet möglicherweise darauf hin, daß im Bereich dünner Filme noch Augersignale des Au im Substrat detektiert werden. Dieses Signal fällt nach einem Exponentialgesetz mit zunehmender Schichtdicke rasch ab. Es ist denkbar, daß Au-Atome beim Wachsen des Films in den Film hinein oder auf die Filmoberfläche diffundieren. Oberflächennahe Au-Atome würden dann auch bei größeren Filmdicken noch durch das Auger-Spektrometer registriert. Da aber bei Filmen ab 12 ML kein Au mehr im Augerspektrum zu erkennen ist, ist zu vermuten, daß beim Wachsen des Films immer ein bestimmter Anteil der Au-Atome in der gerade komplettierten Lage verbleibt. Die Löslichkeit von Au in Ni ist sehr gering (siehe Phasendiagramm in Kap.4) 9. Deswegen wird es sich nur um einen geringe Au-Anteil handeln Es ist jedoch zu berücksichtigen, daß das verspannte Nickel bis zu einem bestimmten Bereich ein vergrößertes atomares Volumen hat. Es ist nicht auszuschließen, daß die Löslichkeit von Au in dem Ni-Film gegenüber Volumen-Nickel etwas erhöht ist. Eine Segregation des Au aus dem Substrat an die Filmoberfläche wurde auch an dem System Fe/Cu_3Au(100) beobachtet [63]. Schwieriger zu verifizieren ist, ob auch Cu in den Nickel-Film diffundiert. Aufgrund der Tendenz zur Legierungsbildung mit Ni sollte eine Segregation von Cu an die Filmoberfläche ausgeschlossen sein (siehe Phasendiagramm in Kap.4). Da sich in keinem Energiebereich die Peaks zu Cu und Ni hinreichend auflösen ließen, ist noch nicht einmal eine qualitative Aussage über die Anwesenheit von Cu im Film möglich. Vom Standpunkt der Löslichkeit aus betrachtet ist die Frage nach einer möglichen Anwesenheit von Cu im Film zu bejahen. Jedoch ist zu berücksichtigen, daß das auf unsere Weise präpariert Cu_3Au-Substrat an der Oberfläche hauptsächlich Au aufweist. Die Untersuchung der Diffusion bei hohen Temperaturen durch Anlassen des Films und anschließende Aufnahme von Augerspektren ergab keine interpretierbaren Ergebnisse. Hier wurde ebenfalls über Augerverhaltnisse versucht, einen Überblick über das Diffusionsverhalten in Abhängigkeit von der Temperatur und der Schichtdicke zu gewinnen. Eine monotone Abnahme oder Zunahme der Augerverhältnisse wurde nicht festgestellt; vielmehr kam es zu einem sprunghaften Verhalten der Augerverhältnisse in Abhängigkeit der Anlaßtemperatur und der Schichtdicke. Es muß davon ausgegangen werden, daß bei kleinen Schichtdicken die Grenzflächenanisotropie durch die Anwesenheit von Au auf der Filmoberfläche beeinflußt werden kann.

---

9 Für die Beurteilung der Frage, ob Diffusion begünstigt ist, sind vor allem die Unterschiede der Atomgrößen, die Oberflächenenergien und eine evt. Tendenz zur Legierungsbildung ausschlaggebend; vgl. [50].

5.4 Korrelation

Die magnetischen, strukturellen und morphologischen Eigenschaften des Systems Ni/Cu$_3$Au(100) sind in der Abbildung 5.20 zusammengefaßt und gegenübergestellt. Die MEED-Kurve zeigt, daß das Nickel im Bereich 2 bis 10 ML lagenweise aufwächst. Die bisherigen Untersuchungen zeigten, daß das Nickel im Bereich bis zu 2 ML vermutlich doppelstufig aufwächst. Bei 6 und 12 ML sind Minima in der MEED-Intensität festzustellen, die ihren Ursprung nicht in den morphologischen Eigenschaften des Systems haben, sondern auf strukturelle Änderungen, bedingt durch den Abbau elastischer Spannungen, zurückzuführen sind. Die Strukturuntersuchungen zeigen, daß das Nickel bis zu 5,5 ML pseudomorph mit einer Gitterfehlpassung von über 6% auf dem Cu$_3$Au(100) aufwächst. Ab 5,5 ML registriert man einen ra-piden Abfall der lateralen Gitterkonstanten. Mehr als 50% der Gitterfehl-passung werden im Bereich zwischen 5,5 und 6 ML abgebaut. Gleichzeitig nimmt der Interlagenabstand zu. Die kinematische Auswertung der LEED-I(E)-Spektren ergibt, daß der Interlagenabstand um 15 ML bereits 1,73 Å betragt. Verglichen mit dem nach der elastischen Theorie zu erwartenden Interlagenabstand (epitaktische Linie) von 1,64 Å bei pseudomorphem Wachstum hat sich der Film bei 15 ML schon zu über 70% dem Interlagenabstand der Volumenphase angenähert. Das gilt auch für den lateralen Gitterabstand. Der größte Teil der strukturellen Umordnung ist demnach bei 15 ML abgeschlossen. Die strukturelle Umordnung wird begleitet von Versetzungsbildung. Die LEED-Beugungsbilder von Filmen ab 15 ML haben wieder schärfere Reflexe und schwächeren Untergrund. Dies spricht für eine bessere strukturelle Ordnung und für eine geringere Dichte von Defekten im Film. Das Einsetzen der strukturellen Unordnung bei ca. 6 ML und das Abklingen derselben bei 12 bis 15 ML ist deutlich korreliert mit den Intensitätsminima der MEED-Kurven in den entsprechenden Bereichen. Bei Filmen ab 3 ML Dicke konnte mittels der Suszeptibilitätsmessungen Ferromagnetismus in den Filmen nachgewiesen werden. Unverspanntes Nickel sollte aufgrund der magnetischen Formanisotropie für beliebig dicke Schichten in der Ebene magnetisiert sein. Für verspanntes Nickel wird ab einer bestimmten Schichtdicke eine senkrechte Magnetisierung erwartet. Die kritische Schichtdicke für das Umklappen der Magnetisierung bei Vorliegen einer bestimmten Verspannung ist hergeleitet worden. In longitudinaler Meßgeometrie wurden Kerr-Signale im Bereich von 3 bis 8 ML gemessen. In polarer Geometrie wurden mit dem magnetooptischen Kerr-Effekt Signale im Bereich 5 bis 13 ML gemessen. Bei Filmen mit Dicken von mehr als 12,5 ML wurde mit dem magnetooptischen Kerr-Effekt eine Magnetisierung in der Filmebene festgestellt. Die Reorientierungsübergänge für die magnetische

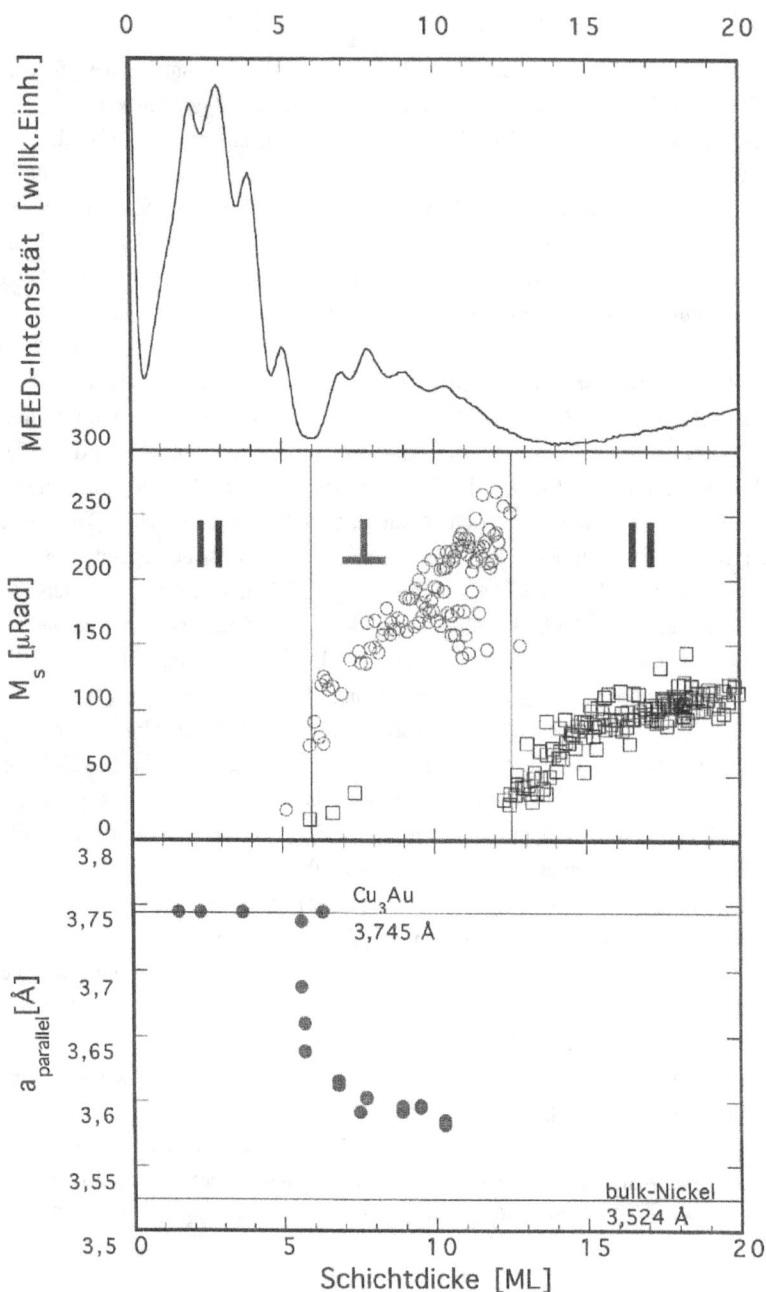

Abbildung 5.20: **Korrelation von Wachstum, Magnetismus und Struktur**.

Anisotropie finden bei etwa 6 ML und bei etwa 12,5 ML statt. Die Magnetisierung von Filmen mit Dicken zwischen 6 und 12,5 ML hat damit eine deutliche Komponente senkrecht zur Filmebene. Da im Bereich 8,5 bis 12 ML in longitudinaler Geometrie keine Signale mehr zu messen waren, kann man für diesen Bereich von einer senkrechten Magnetisierung sprechen. Die Abhängigkeit der Magnetisierungsrichtung von der Verspannung bzw. von der Schichtdicke ist offensichtlich. Zunächst ist der Film wegen der Formanisotropie in der Ebene magnetisiert (bis zu einer Dicke von 5 ML). Der Film ist zwar verspannt, aber die magnetoelastische Anisotropieenergie, die ja ein Volumenbeitrag ist, reicht noch nicht aus, um die Formanisotropieenergie zu überbieten. Erst ab 5 ML registriert man eine senkrechte Magnetisierung. Der Abbau der Spannungen zu dickeren Filmen hin führt aber dazu, daß die magnetoelastische Anisotropieenergie wieder abnimmt. Die Voraussetzungen für eine senkrechte Magnetisierung fallen damit weg. Auch dies wird tatsächlich beobachtet, denn bei 12,5 ML klappt die Magnetisierung wieder in die Filmebene. Käme es nicht zu einem Abbau der Spannungen, dann würde der Film auch bei beliebiger Dicke senkrecht magnetisiert bleiben. Der Zusammenhang von Verspannung und Magnetisierungsrichtung ist in Abb. 5.21 noch einmal veranschaulicht. Die durchgezogene Linie beschreibt die kritische Schichtdicke für das Umklappen der Magnetisierungsrichtung von Nickel in Abhängigkeit vom Verspannungszustand des Films, der durch den lateralen Gitterabstand gegeben ist.

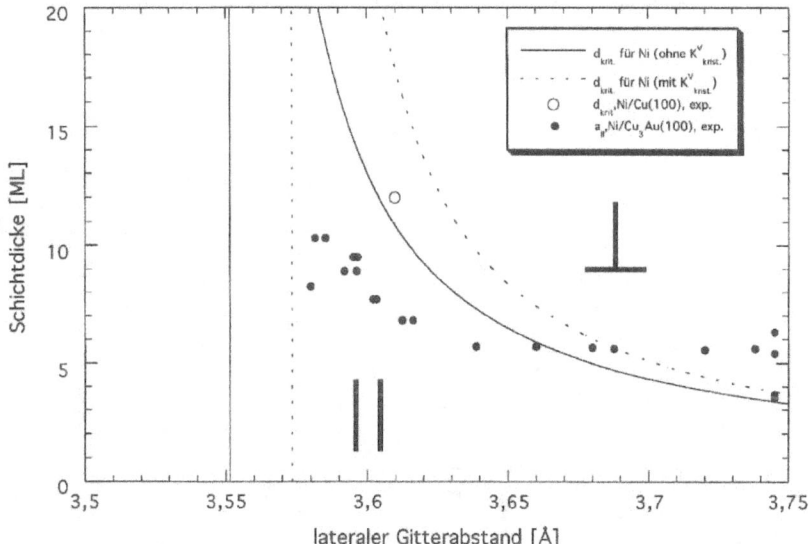

Abbildung 5.21: **Gegenüberstellung der kritischen Schichtdicke mit der Änderung des lateralen Gitterabstandes**.

Der Volumenbeitrag der magnetokristallinen Anisotropie ist hierin nicht berücksichtigt. Eine Abschätzung des Einflusses dieses Beitrags gibt jedoch die gestrichelte Linie an. Befindet man sich bei einer bestimmten Verspannung und Schichtdicke oberhalb dieser

Linien, dann ist der Film senkrecht magnetisiert. Die durch gefüllte Kreise eingetragenen Werte geben den experimentell ermittelten lateralen Gitterabstand von Ni auf Cu_3Au in Abhängigkeit von der Schichtdicke an. Die I(E)-Analyse ergab für einen Film von 55 ML einen Interlagenabstand von 1,73 Å sowie eine laterale Gitterkonstante von 1,78 Å (bzw. 3,56 Å). Gemessen an der Kurve für die kritische Schichtdicke kann dieser Film nicht senkrecht magnetisiert sein. Ein Film mit eine solchen Verspannung müßte mehrere Tausend Lagen dick sein, damit die magnetoelastische Anisotropie zu einer senkrechten Magnetisierung führen konnte. Bei Nickelfilmen auf Cu(100) wurde eine polare Magnetisierung im Bereich 12 bis 70 ML festgestellt. Morphologische Eigenschaften werden als Grund für die polare Magnetisierung selbst bei Filmen bis zu 70 ML angesehen. Die Kenntnis der genauen Strukturdaten dieses Systems wäre von Interesse, um den Einfluß der magnetoelastischen Energie auf die Magnetisierungsrichtung einschätzen zu können. Man erkennt, daß die tatsächliche physikalische Situation bei $Ni/Cu_3Au(100)$ nicht exakt durch die berechnete kritische Schichtdicke wiedergegeben wird. Dazu müßten die experimentellen Werte oberhalb der durchgezogenen bzw. gestrichelten Linie liegen. Bei pseudomorphem Wachstum mit einem lateralen Gitterparameter von 3,745 Å läge eine senkrechte Magnetisierung schon bei 3,5 ML vor, und nicht erst bei 5 ML. Der Grund für diese Abweichung konnte womöglich darin liegen, daß die im Abschnitt Morphologie vermutete Segregation von Gold auf die Filmoberfläche in den Berechnungen nicht berücksichtigt wurde.

6 Zusammenfassung

Diese Arbeit hatte zum Ziel, die Korrelation der magnetischen, strukturellen und morphologischen Eigenschaften ultradünner Nickelfilme auf einem einkristallinen $Cu_3Au(100)$-Substrat zu untersuchen. Von besonderem Interesse war dabei die Abhängigkeit der magnetischen Anisotropie von den elastischen Spannungen der epitaktisch aufgewachsenen Filme. Bei Nickelfilmen mit Dicken von 3 bis 5 Atomlagen wurde eine Magnetisierung in der Filmebene festgestellt. Bei Filmen mit Dicken von 5 bis 12,5 Atomlagen wurde eine Magnetisierung senkrecht zur Filmebene festgestellt. Ab 12,5 ML sind die Filme wieder in der Ebene magnetisiert. Durch strukturelle Untersuchungen konnte gezeigt werden, daß das Auftauchen der senkrechten Magnetisierung bei 5 ML auf elastische Spannungen im Film zurückzuführen ist. Das Verschwinden der senkrechten Magnetisierung bei 12,5 ML ist auf den Abbau der Spannungen zurückzuführen. Das Verhalten des Systems $Ni/Cu_3Au(100)$ ähnelt insoweit dem des Systems $Ni/Cu(100)$, bei dem die senkrechte Magnetisierung bei 12 ML einsetzt und erst wieder bei 75 ML verschwindet. Außerdem wurde in dieser Arbeit ein geschlossener Ausdruck für die kritische Schichtdicke hergeleitet, bei der die Magnetisierung in Abhängigkeit von der elastischen Verspannung umklappt. Die Unterschiede in den kritischen Schichtdicken der beiden Systeme sind auf die unterschiedlichen Gitterfehlpassungen zurückzuführen. Das Zurückklappen der Magnetisierung in die Ebene bei 12,5 ML kann beim System $Ni/Cu_3Au(100)$ durch den Abbau der Spannungen in Film erklärt werden. Die senkrechte Magnetisierung der Nickelfilme auf $Cu(100)$ bei Filmen mit Dicken bis zu 75 ML wird von den Autoren auf die morphologischen Eigenschaften der Filme zurückgeführt [22]. Ein überwiegender Einfluß morphologischer Eigenschaften auf die Anisotropie des Systems $Ni/Cu_3Au(100)$ ist auszuschließen. Von Interesse wäre eine Untersuchung der strukturellen Eigenschaften des Systems $Ni/Cu(100)$, um einen Überblick über die in den Filmen herrschenden Verspannungen erlangen zu können. Der Einfluß von interdiffundiertem Cu und Au auf die Anisotropie der Nickelfilme konnte nicht abschließend geklärt werden. Es wäre sinnvoll, Nickelfilme bei tiefer Temperatur aufzudampfen, um so eine evtl. Interdiffusion von Cu und Au zu unterdrücken. Weiter wurde festgestellt, daß Nickel bei 300 K im Bereich von 2 bis 10 Atomlagen lagenweise aufwächst. Eine Reduktion der Temperatur des Substrats bewirkt eine Unterdruckung des lagenweisen Wachstums. Es gab jedoch keine Hinweise darauf, daß die strukturellen Änderungen von der Temperatur des Substrats abhängen.

Anhang A: Rechnungen zur magnetischen Anisotropie

In diesem Anhang soll ein geschlossener Ausdruck für die kritische Schichtdicke $d_{krit.}$ hergeleitet werden, bei der ein ultradünner Film seine Magnetisierungsrichtung von senkrecht zur Filmebene nach parallel zur Filmebene ändert. Die Magnetisierung schließe mit der Oberflächennormalen den Winkel θ ein. Da der Volumenbeitrag zur magnetokristallinen Anisotropie bei sehr dünnen Filmen klein ist, werde er hier vernachlässigt. Seine Abhängigkeit vom Azimut φ macht die Rechnungen komplizierter. Für die Grenzflächenanisotropie erhält man näherungsweise

$$G_{krist}^{S}(\Omega_M) = K_1^S \sin^2\theta \qquad (A.1)$$

Für den Volumen- und Grenzflächenanteil der Formanisotropie erhält man

$$G_{Form}^{V} = K_{Form}^{V} \sin^2\theta \qquad (A.2)$$

sowie

$$G_{Form}^{S} = K_{Form}^{S} \sin^2\theta \qquad (A.3)$$

Für die magnetoelastische Anisotropieenergie wurde der Ausdruck

$$G_{magn.el} = B_1\left\{\left(\frac{a}{a_0} - 1\right)\sin^2\Theta + \left(\left(\frac{a_0}{a}\right)^\gamma - 1\right)\cos^2\Theta\right\} \qquad (A.4)$$

hergeleitet.
Für einen Anzahl d Monolagen dicken Film unter Vernachlässigung von G_{krist}^{V} ist die Anisotropieenergie pro Fläche wegen

$$G = d \cdot \left(G_{Form}^{V} + G_{magn.el}^{V}\right) + G_{krist}^{S} + G_{Form}^{S} \qquad (A.5)$$

also

$$G = \left(K_1^S + K_{Form}^{S}\right)\sin^2\theta + d \cdot \left(K_{Form}^{V}\sin^2\theta + B_1\left\{\left(\frac{a}{a_0} - 1\right)\sin^2\Theta + \left(\frac{a_0}{a}\right)\right.\right. \qquad (A.6)$$

Man kann nun $cos^2\theta$ durch $(1-sin^2\theta)$ ersetzen. G ist dann eine lineare Funktion in $sin^2\theta$. Wir fragen, bei welchem Wert für θ die magnetische Anisotropie G minimal wird und bilden dazu die Ableitung von G nach θ. Die Ableitung verschwindet für die Werte θ = 0° und θ = 90°. Für diese Fälle erhält man implizit eine Bestimmungsgleichung für die kritische Schichtdicke:

$$d_{krit} = \frac{-\left(K_{Form}^{S} + K_{Krist.}^{S}\right)}{K_{Form}^{V} + B_1\left(\dfrac{a}{a_0} - \dfrac{a}{a_0}^{-2\frac{c_{12}}{c_{11}}}\right)} \quad (A.7)$$

Für die Bestimmung der kritischen Schichtdicke ist also die Kenntnis der elastischen Konstanten und der Anisotropiekonstanten erforderlich. Für eine Reihe von Systemen ist die Grenzflächenanisotropie-Konstante experimentell bestimmt worden. Für das Sytem Ni/Cu$_3$Au(100) liegen keine Werte vor, jedoch für die Systeme Ni(111)/UHVmit K_1^S = -0,48m J/m^2, Ni/Au(111) mit K_1^S = -0,15 mJ/m^2 und Ni/Cu(100) mit K_1^S = -0,23 mJ/m^2. Diese Größen sind zunächst in die Einheit eV/Atom umzurechnen. Aus diesen experimentellen Werten läßt sich eine Grenzflächenanisotropie-Konstante berechnen, wenn man die unterschiedliche Massenbelegung unterschiedlich indizierter Flächen berücksichtigt. Wir setzen voraus, daß der Cu$_3$Au-Kristall an seiner Oberfläche zu 75% aus Kupfer und zu 25% aus Gold besteht und ermitteln entsprechend dieser Anteile für das Interface die Anisotropiekonstante.

Die Cu(100)-Fläche hat 2 Atome pro Einheitsmasche mit einem Gitterparameter von 3,61 Å. Die Flächenbelegung ist dann

$$\sigma = \frac{2\ Atome}{(3{,}61 \times 10^{-10} m)^2} = 1{,}535 \times 10^{19} \left[\frac{Atome}{m^2}\right] \quad (A.8)$$

Wegen der Gültigkeit von

$$1 J = 6{,}2415 \times 10^{18}\ eV \quad (A.9)$$

und

$$1\frac{mJ}{m^2} = 4{,}07 \times 10^{-4} \frac{eV}{Atom} \quad (A.10)$$

erhält man als Grenzflächenanisotropie-Konstante für das Ni/Cu(100)-Interface den Wert -0,935 x 10^{-4} eV/Atom.

Nickel wächst auf der Au(111)-Fläche wegen der Gitterfehlpassung von mehr als 15% nicht pseudomorph auf. Unter der Annahme, daß Nickel stattdessen mit seiner Gitterkonstanten von a=3,5238 Å in (100)-Orientierung aufwächst, erhält man nach analoger Rechnung wie oben als Grenzflächenanisotropie-Konstante für das Ni/Au(100)-Interface den Wert -0,581 x 10^{-4} eV/Atom. Das Interface Ni/Cu$_3$Au(100) hat demnach eine Anisotropie-Konstante von -08465 10^{-4} eV/Atom. Für die Oberfläche des Nickelfilms gegen UHV erhält man nach dem gleichen Verfahren -1,6107 x 10^{-4} eV/Atom. Insgesamt erhält man für die Grenzflächenanisotropie-Konstante den Wert -2,4572 x 10^{-4} eV/Atom.

Literaturverzeichnis

[1] G. Ertl, J. Küppers, Low Energy Electrons and Surface Chemistry, VCH Weinheim, 1974

[2] G. Gottstein, Einführung in die allgemeine Metallkunde und in die Werkstoffwissenschaften, Vorlesungsskript, RWTH Aachen

[3] K.R. Mecke, S. Friedrich, Segregation profiles in Cu_3Au above the order- disorder transition, Phys.Rev. B 52, 2107 (1995)

[4] J.M. Van Hove, C.S. Lent, P.R. Pukite, P.I. Cohen, J. Vac. Sci. Technol. B, 741, (1983)

[5] J.H. Neave, B.A. Joyce, P.J. Dobson, N. Norton, Appl. Phys.A47, 100, (1985)

[6] T.C. Zhao, A. lgnatiev, S.Y. Tong, Surf. Rev. and Lett., Vol 1, Nos. 2 & 3 (1994) 253-260

[7] Henzler, M. Oberflächenphysik des Festkörpers, Verlag Teubner, Stuttgart, 1991

[8] Henzler, M. Surf.Sci., 22:12, 1970

[9] M.A. Van Hove, W.H. Weinberg, C.-M. Chan, Low-Energy Electron Diffraction, Springer Series in Surface Science 6, Springer Verlag Berlin, Heidelberg, 1986

[10] M. Henzler, Appl.Phys. 9, 11-17 (1976)

[11] Festschrift for Xide Xie in Surface Physics and Related Topics, 1991

[12] L. Landau, Zur Theorie der Phasenumwandlungen I, Phys. Z. Sowjet. 11, 26 (1937)

[13] J.W. Matthews, J. Vac. Sei. Technol., Vol. 12, No. 1, 126-133, Jan./Feb. 1975,

[14] J. Friedel, Les Dislocations, Monographie de Chimie Physique, Verlag Gauthier-Villars, 1956

[15] L.D. Landau, E.M. Lifschitz, Lehrbuch der Theoretischen Physik, Band V, Statistische Physik, Teil 1, Akademie-Verlag Berlin, 3. Auflage,1987

[16] H. Ibach, H. Lüth, Festkörperphysik, Springer-Lehrbuch, 3. Auflage, 1990

[17] K. Huang, Statistical Mechanics, John Wiley & Sons, 2nd Edition, 1987

[18] P.M. Marcus, F. Jona, Surface Review and Letters, 1 (1):15-21, 1994

[19] T. Kraft, P.M. Marcus, M. Methfessel, M. Scheffier, Physical Review B, 48:5886, 1993

[20] V.L. Moruzzi, P.M. Marcus, K. Schwarz, P. Mohn, Physical Review B, 34(3):1784, 1986

[21] R.C. O'Handley, Oh-Sung Song, C.A. Ballentine, J.Appl.Phys. 75,(10), 6302, 1993

[22] W.L. O'Brien B.P. Tonner, Physical Review B, 49(21):15370, 1994

[23] B. Hernnäs, M. Karolewski, H. Tillborg, A. Nilsson, N. Martensson, Surface Science 302 (1994) 64-72

[24] A. Berger, S. Knappmann, H.P. Oepen, J. Appl. Phys. 75, 10, (1994) 5600

[25] P. Bruno, J.P. Renard, Appl. Phys. A 49, 499-506 (1989)

[26] S.D. Bader, E. R. Moog, J. Appl. Phys. 61, 3729 (1987)

[27] J.A.C. Bland, B. Heinrich, Ultrathin Magnetic Structures, Bd.I und II, Springer Verlag, Berlin, Heidelberg 1994

[28] Xue-Yuan Zhu, J. Hermanson, F.J. Arlinghaus, J.G. Gay, R. Richter, J.R. Smith: Phys. Rev. Lett. 54, 2704 (1985)
[29] O. Jepsen, J. Madsen, O.K. Andersen: Phys.Rev. B 26, 2790 (1982)
[30] R. Richter, J.G. Gay, J.R. Smith: J.Vac.Sci.Technol. A3, 1498 (1985); Phys.Rev.Lett 54, 2704 (1985)
[31] S. Knappmann, Diplomarbeit Universität Münster, Juli 1994
[32] W.C.U. Wulfhekel, Diplomarbeit Universität Bonn, Juli 1994
[33] L.D. Landau, E.M. Lifschitz, Lehrbuch der Theoretischen Physik, Band VIII, Elektrodynamik der Kontinua, Akademie-Verlag Berlin, 3. Auflage, 1987
[34] E. Kneller, Ferromagnetismus, Springer Verlag, Berlin, 1962
[35] W. Köster, W. Dannöhl, Z. Metallkunde, 28, 1936, 248-253
[36] V. Marian, Ann. Phys. 7, 1937, 459-527
[37] L.H. Tjeng, P. Rudolf, G. Meigs, F.Sette, C.T. Chen, Y.U. Idzerda, in Production and Analysis of Polarized X-Rays, Herausg. D.P. Siddons,
SPIE Proc, Vol. 1548 (SPIE, Bellingham, WA, 1991), p. 160
[38] F. Huang, M.T. Kief, G.J. Mankey, R.F. Willis, Phys.Rev.B 49, 3962 (1994)
[39] L. Neel, J.Phys.Rad., 15:225, 1954
[40] W. Wulfhekel, S. Knappmann, B. Gehring, H.P. Oepen, Phys.Rev.B 50, 16074 (1994)
[41] G.H.O. Daalderop, P.J. Kelly, M.F.H. Schuurmans, Phys.Rev. B, 41:11919 (1990)
[42] P. Politi, A. Rettori, M.G. Pini, D. Pescia, Magnetic Phase Diagram of a thin film with a reorientation transition. Europhysics Letters, 28(1),:71- 76, 1994.
[43] W. de Jonge, P. Bloemen, F. den Broeder, Ultrathin Magnetic Structures- Experimental Investigations of Magnetic Anisotropy, Band I, Kapitel 2.3, Seiten 65-90. Springer-Verlag, Berlin, 1994, ISBN 3-540- 57407-7.
[44] D.G. Pettifor, Metallurgical Chemistry. Her Majesty's Stationery Office, London, 1972
[45] P. Escudier, Ann.Phys. (Paris) 9, 125 (1975)
[46] J.P. Rebouillat, IEEE Trans.Magn. 8, 630 (1972); Ph.D. thesis (1972), unpublished
[47] D.M. Paige, B. Szpunar, B.K. Tanner, J.Magn.Magn.Mat. 44, 239, (1984)
[48] C. Chappert, P. Bruno, J.Appl.Phys. 64, 5736 (1988)
[49] P. Bruno im 24. IFF Ferienkurs 1993, Magnetismus von Festkörpern und Grenzflächen, Vorlesungsmanuskripte
[50] G. Treglia, B. Legrand, Physical Review B, 35(9): 4338, 1987
[51] B. Heinrich, Z. Celinski, J.F. Cochran, A.S. Arrott, K. Myrtle: J.Appl.Phys. 70 5769 (1991)
[52] T. Takahata, S. Araki, T. Shinjo,: J.Magn.Magn.Mat. 82, 287 (1989)
[53] F.J. Lamelas, C.H. Lee, Hui Le, W. Vavra, R. Clarke,: Mater.Res.Soc.Symp.Proc. 151, 283 (1989)
[54] G.H.O. Daalderop, P.J. Kelly, F.J.A. den Broeder: Phys.Rev.Lett. 68, 682 (1992)
[55] F.J.A. den Broeder, E. Janssen, W. Hoving, W.B. Zeper: IEEE Trans.Magn. 28, 2760 (1992)

[56] P.J.H. Bloemen, W.J.M. de Jonge, F.J.A. den Broeder,: J.Appl.Phys. 72, 4840 (1992)

[57] U. Gradmann: J.Magn.Magn.Mater. 54-57, 733 (1986); H.J. Elmers, U. Gradmann: J.Appl.Phys. 63, 3664 (1988)

[58] J.R. Childress, C.L. Chien, A.F. Jankowski: Phys.Rev.B 45, 2855 (1992)

[59] E.M. Gregory, J.F. Dillon, Jr., D.B. McWhan, L.W. Rupp,Jr., L.R. Testardi: Phys.Rev.Lett. 45, 57 1980

[60] G. Xiao, C.L. Chien: J.Appl.Phys. 61, 4061 (1987)

[61] S. Onishi, M. Weinert, A.J. Freeman, Phys.Rev.B, 30, 36 (1984)

[62] J. Tersoff, L.M. Falicov, Phys.Rev.B, 26, 6186 (1982)

[63] B. Feldmann, Korrelation von Magnetismus, Struktur und Morphologie ultradünner Eisen- und Manganfilme auf einkristallinen Metallsubstraten, Dissertation (RWTH Aachen, Forschungszentrum Jülich), 1995; Veröffentlichungen dazu in Arbeit

[64] J.W. Matthews, J.L. Crawford, Thin Solid Films 5, 187, (1970)

[65] T. Shinjo, Interface Magnetism, Surface Science Reports, Vol. 12, No.2, 1991
H. Niehus, C. Achete, Surf.Sci., 289:19-29, 1993

[66] H. Reichert, P.J. Eng, H. Dosch, B. Adams, I.K. Robinson, Band 58 der Verhandlungen der Deutschen Physikalischen Gesellschaft, Seite 1268, 1994

[67] V.S. Sundaram, B. Farrell, R.S. Alben, W.D. Robertson, Surf. Sci., 46:653, 1974

[68] V.S. Sundaram, B. Farrell, R.S. Alben, W.D. Robertson, Phys. Rev. Lett., 51:43, 1983

[69] M. Hansen, K. Anderko, Constitution of Binary Alloys, McGraw-Hill, New York (1958)

[70] L.L. Seigle, M. Cohen, B.L. Averbach, Trans. AIME, 194, 1952, 1320-1327

[71] G.A. Prinz, Journal of Magnetism and Magnetic Materials, 100:469-480, 1991

[72] Landolt-Börnstein, Band III/6, Kap. 1.1.2, Seiten 1-40, 1989

[73] M. Wuttig, Tailoring of Materials by Epitaxial Growth, Habilitationsschrift, RWTH Aachen, 1994

[74] W.R. Tyson, W.A. Miller, Surf.Sci 62 (1977) 267

[75] J. Thomassen, B. Feldmann, M. Wuttig, Surf.Sci, 264(3):406-18, 1992

[76] G. Rosenfeld, Manipulation von Wachstumsmodi in der Epitaxie am Beispiel einer Ag(111)-Fläche, Dissertation, Forschungszentrum Jülich, 1994

[77] R. Kunkel, B. Poelsema, L.K. Verheij, G. Comsa, Phys. Rev. Lett., 65:733, 1990

[78] P. Stoltze, J.Phys.: Condens. Matter 6 (1994) 9495-9517

Danksagung

Herrn Professor Dr. H. Ibach danke ich für die Möglichkeit, diese Diplomarbeit im Institut für Grenzflächenforschung und Vakuumphysik im Forschungszentrum Jülich durchführen zu können.

Mein besonderer Dank gilt Herrn Priv.-Doz. Dr. Matthias Wuttig, der mich für das Thema dieser Diplomarbeit begeistert und hervorragend betreut hat. Mein besonderer Dank gilt auch Herrn Dr. Benedikt Feldmann, der mich mit großem persönlichen Interesse bei meiner Diplomarbeit unterstützt hat. Ihm habe ich das gute Gelingen der Experimente und wichtige Anregungen für meine Arbeit zu verdanken. Auch nach Ausscheiden aus dem IGV stand er mir mit Rat und Tat zur Seite.

Herrn Josef Larscheid danke ich für seine tatkräftige Hilfe bei der Lösung apparativer Probleme und seinen beherzten, personlichen Einsatz.

Herrn Christoph Roß und Herrn Dipl.-Phys. Thomas Flores möchte ich für das freundschaftliche Klima im Labor-Alltag und für die gute Zusammenarbeit danken.

Herrn Dr. Yves Gauthier danke ich für die Einweisung in die dynamische Theorie, die volldynamischen Rechnungen sowie für die freundliche Aufnahme während meines zweiwöchigen Gastaufenthaltes in Grenoble.

Herrn Udo Linke und Frau Birgit Schumacher möchte ich für die EDAX-Analysen der Nickel-Plättchen danken.

Ich danke auch den Herren Rausch und Strobel und allen Mitarbeitern in den Werkstätten. Durch ihre rasche Hilfe wurden Leerlaufe wahrend der Experimentierphase vermieden.

Vielen Dank auch an die Herren Dipl.-Phys. Michael Speckmann und Wulf Wulfhekel aus den Arbeitsgruppen Oepen und Rosenfeld für die Interpretationshilfen zu den Suszeptibilitäts- und Wachstumskurven.

Herrn Dr. Jim Hannon sei Dank für die Berechnung der Diffusionsbarrieren am System Ni/Cu_3Au.

Bei Herrn DI Lauer, Herrn Dr. Schnase und Herrn Prof. Wolff mochte ich mich für die Softwareberatung bedanken.

Meinem Freund Heinz Günter Hermanns danke ich für die Unterweisung in TEX und Maple, meinem Freund Bernhard Suhr danke ich für die Durchsicht des Manuskripts. Beiden danke ich fur interessante Diskussionen im Zusammenhang mit meiner Arbeit.

Mein ganz besonderer Dank gilt meiner Ehefrau und unseren beiden Kindern, für die mein Studium eine entbehrungsreiche Zeit darstellte, sowie meinen Eltern, die uns unterstützten.

www.ingramcontent.com/pod-product-compliance
Lightning Source LLC
Chambersburg PA
CBHW081612220526
45468CB00010B/2852